U0353279

下伏多采空区上行开采可行性研究

于永江　胡全宏　马智　著

中国矿业大学出版社
·徐州·

内 容 提 要

本书系统介绍了采区在上行开采方面取得的研究成果与进展。全书共 10 章内容，主要包括：绪论、矿井概况、煤岩物理力学性质评估、Ⅰ01 采区 3-2 煤层上行开采可行性理论分析、Ⅰ01 采区 3-2 煤层上行开采相似模拟试验、Ⅰ01 采区 3-2 煤层上行开采数值模拟、Ⅰ01 采区 3-2 煤层上行开采现场实测分析、Ⅰ01 采区 3-2 煤层上行开采安全技术措施、结论及建议。

本书可供从事采矿工程、岩土工程、隧道工程、安全工程等领域的工程技术人员、科研工作者及高校师生参考使用。

图书在版编目(Ｃ Ｉ Ｐ)数据

下伏多采空区上行开采可行性研究 / 于永江，胡全宏，马智著． — 徐州：中国矿业大学出版社，2024.5
ISBN 978 - 7 - 5646 - 6253 - 0

Ⅰ．①下… Ⅱ．①于… ②胡… ③马… Ⅲ．①煤矿开采－采空区－研究 Ⅳ．①TD82

中国国家版本馆 CIP 数据核字(2024)第 095577 号

书　　名	下伏多采空区上行开采可行性研究
著　　者	于永江　胡全宏　马　智
责任编辑	杨　洋　满建康
出版发行	中国矿业大学出版社有限责任公司
	(江苏省徐州市解放南路　邮编 221008)
营销热线	(0516)83885370　83884103
出版服务	(0516)83995789　83884920
网　　址	http://www.cumtp.com　**E-mail**：cumtpvip@cumtp.com
印　　刷	苏州市古得堡数码印刷有限公司
开　　本	787 mm×1092 mm　1/16　印张 8.25　字数 211 千字
版次印次	2024 年 5 月第 1 版　2024 年 5 月第 1 次印刷
定　　价	48.00 元

(图书出现印装质量问题，本社负责调换)

前　　言

　　煤炭作为我国的主要能源之一,在能源生产和工业发展中占有举足轻重的地位。近年来我国对煤炭资源的利用进行了大量的探索和实践,上行式开采是提高煤炭资源回收利用率的重要手段。国家能源集团宁夏煤业有限责任公司双马一矿根据地质勘探结果发现Ⅰ01采区3-2煤层不具备作为首采煤层的条件,对3-2煤层实施了缓采。在开采煤层群时,由于受到4煤层群采动影响,当4煤层群开采结束后,层间岩层会受到一定程度的破坏,多采空区上部3-2煤层的开采属于典型的缓斜煤层"上行式开采"。对于已开采煤层群的上组煤炭资源是否可采和如何开采成为双马一矿必须解决的问题。

　　本书以双马一矿Ⅰ01采区3-2煤层为研究对象,综合理论计算、相似模拟试验、现场钻孔实测、数值模拟等研究方法对下部煤层群开采后3-2煤层上行开采可行性进行研究,本书的主要研究结论包括:

　　(1) 3-2煤层开采技术条件分析及煤岩力学参数测试。

　　根据矿井工程地质条件和煤层开采情况对3-2煤层开采技术条件进行分析,通过实验室试验测定煤岩物理力学参数,为理论分析、相似模拟试验和数值模拟提供基础数据。

　　(2) 3-2煤层上行开采可行性理论研究。

　　结合双马一矿Ⅰ01采区工程地质概况,分析3-2煤层上行开采主要影响因素和控制措施;基于"三带"判别法、比值判别法、围岩平衡法、上行开采时间间隔及顶板损伤破坏范围计算等手段分别对3-2煤层上行开采可行性做出判别。

　　(3) 下部煤层群开采对3-2煤层影响模拟分析。

　　通过相似模拟试验、UDEC数值模拟、FLAC[3D]数值模拟以及现场钻孔探测,研究顺序开采4-1煤层、4-2煤层和4-3煤层后覆岩运移规律及应力分布特征、"三带"发育高度,分析判别下部煤层采动对3-2煤层开采的影响。

　　(4) 3-2煤层高效掘进、回采的巷道合理布置。

　　结合3-2煤层基本状况,分析下部采空区影响边界,研究下部煤层群开采后煤柱上方3-2煤层应力分布特征,提出上行开采3-2煤层工作面巷道布置方案。

本书研究成果不仅丰富了上行开采的理论和实践，对双马一矿的上行开采具有指导意义，还提高了煤炭资源回收利用率，对于其他类似缓倾斜煤层群的上行开采可提供有益借鉴。

感谢国家能源集团宁夏煤业有限责任公司双马一矿和羊场湾煤矿的领导对本研究的大力支持，感谢矿井工作人员在工程实践中付出的不懈努力，感谢众多专家对本书的撰写提供的宝贵意见。

著　者

2023 年 12 月

目　　录

1 绪 论

1.1 研究背景

煤炭作为中国的主要能源之一,其开采效率极其重要。在能源结构优化的进程中,煤炭开采方法的优化是提高资源利用率的研究重点之一。目前,国内煤层开采顺序分为上行、下行和同时开采三种方式。大采高综采技术由于采出量大,对工作面地质结构和支护平衡结构均产生较大影响,同时会对煤层造成一定破坏。所以采用上行开采时,需要对基本开采条件进行分析,为煤层开采和安全管理提供一定的理论依据。

双马一矿在矿井建设初期对 3-2 煤层作为首采煤层从以下几个方面进行了可行性分析:

(1) 3-2 煤层距上部直罗组砂岩含水层距离近,局部区域煤层直接顶与直罗组砂岩含水层直接接触,相邻红柳煤矿开采情况表明该含水层存在突水可能,若先行开采 3-2 煤层,矿井防治水工作开展困难,影响矿井安全生产,因此 3-2 煤层作为首采煤层时安全生产无法得到保障。

(2) 3-2 煤层顶、底板条件较差,强度较低,又由于底部为含水层,顶、底板遇水易泥化,容易造成掘进巷道顶板破碎,底帮鼓起现象,顶板安全管理难度大。

(3) 3-2 煤层厚度变化较大,正规工作面布置困难,掘进巷道工程量大,造成巷道万吨掘进率低,矿井无法达到设计生产能力。

(4) 根据 3-2 煤层赋存情况,Ⅰ01 采区 3-2 煤层可采厚度为 $0.80\sim1.84$ m,平均厚度为 1.36 m,煤层厚度变化较大,且含夹矸 $0\sim1$ 层,夹矸厚度为 $0.08\sim0.65$ m,平均值为 0.30 m,对于刨煤机开采工艺适应性较差,2010 年时开采装备水平不能满足 3-2 煤层开采要求。

(5) 2009 年和 2010 年是国家大力发展工业时期,也正是国家急需煤炭时期,为了保障国家供电和人员就业需要,支持国民经济快速发展,决定先暂缓 3-2 煤层开采,先开采 4-1 煤层。等到开采装备水平能够满足薄煤层开采时再进行 3-2 煤层的开采,或采用液化、气化等技术对 3-2 煤层进行回收。

(6) 4 煤组开采后对上部 3-2 煤层围岩虽然可能造成一定程度的破坏,但是也形成了一些有利的条件,例如,4 煤组开采后,相当于开采了保护层,3-2 煤层的地应力降低,从矿压角度分析巷道更易于维护,同时由于裂隙的存在,对 3-2 煤层上部直罗组砂岩含水层中的水进行了疏放,同时煤层内瓦斯含量也进一步降低,有利于 3-2 煤层的安全回采。

根据《煤炭工业矿井设计规范》(GB 50215—2015)第 3.4.2 条规定:多煤层相距较近时,应采用先采上层、后采下层的下行式开采;多煤层层间距较大且开采下部煤层不影响安全开采上部煤层时,可采用先采下层、后采上层的上行式开采。另据《生产煤矿回采率管理暂行规定》(国家发展和改革委 2012 年第 17 号令)第 17 条:矿井开采煤层群时,应当按照由上而下的顺序进行开采,不得弃采薄煤层。确需反顺序开采的,经具有相关资质单位论证并报请省级煤炭行业管理部门批准后实施。

根据矿井初步设计,双马一矿 I01 采区 3-2 煤层区域内可采资源储量约为 11.52 Mt。随着矿井 I01 采区的 4-1 煤层、4-2 煤层、4-3 煤层的开采,本着"资源合理开采,提高煤矿经济效益,保持企业可持续发展"的原则,在 4-1 煤层、4-2 煤层及 4-3 煤层开采结束后,采空区上部的 3-2 煤层的开采属于典型的缓斜煤层"上行式开采",对于已开采下层煤的矿井上部资源是否开采和如何开采成为双马一矿必须解决的问题。近水平、缓斜及倾斜煤层群上、下煤层层间距是影响上行开采的最主要技术参数之一,判断上行开采煤层层间距是否安全合理是研究能否上行开采的首要问题。目前双马一矿对上行开采研究较少,对于上行开采顶板覆岩破坏规律、巷道布置、支护设计和应力集中区顶板管理等问题不明确,因此本书以双马一矿 I01 采区 4 煤组及以下煤组为研究对象,开展巷道围岩物理力学参数测试、4 煤组及以下煤组已开采条件下 3-2 煤层上行开采可行性分析等理论研究、4 煤组及以下煤组已开采条件下顶板结构运动规律的钻孔窥视研究,通过理论分析、相似模拟、数值模拟、钻探工程等综合研究方法揭示 101 采区 4 煤组及以下煤组采动后顶板活动规律,验证双马一矿 4 煤组及以下煤组采后上行开采 3-2 煤层的可行性,并初步提出掘进、回采期间的安全技术措施。

1.2　上行开采研究现状

上行开采能提高各矿井生产效益、提高煤炭资源利用率的实践经验,引起了国内外采矿界学者的广泛关注和研究,许多学者对煤层群上行开采进行了研究,并有计划地在各个矿区进行了试采,在众多成功的实践案例基础上提出了许多具有重要指导意义的矿压控制理论。

波兰在上行开采缓倾斜煤层的生产实践中发现[1-4]:

① 当下部煤层为单一煤层时,若采动影响倍数 $K>6$,可成功进行上行开采;若 $K<6$,上层煤会受到不同程度的严重破坏,不适合采用上行开采方式。

② 当下部开采多层煤时,若综合采动影响系数 $K_z>6.3$,可以进行上行开采;若 $K_z<5$ 时,上层煤会受到破坏,但通过采取合理的技术措施,仍可采用上行开采方式。

③ 当采空区采用充填法进行上行开采时,$K=2.3\sim2.9$,上层煤受到较小的采动影响,可以进行上行开采;在上、下煤层开采中,需要间隔一年以上。

波兰学者研究发现足够的层间距是影响上行开采的重要因素,主要成果如下[5-7]。

W.捷赫茨研究发现上、下煤层之间的层间距与下部煤层的采高呈线性关系。

$$H=12M \tag{1-1}$$

此后 B.克鲁宾斯等在此基础上指出下层煤的采高不同时应选用不同的必要层间距计算方法。

$$M<1.5 \text{ m 时},H=8M \tag{1-2}$$

$$M>1.5 \text{ m 时},H=12M \tag{1-3}$$

M.胡德克等提出必要层间距由下部煤层的采高、岩石碎胀系数和矸石压缩率共同决定,即

$$H = \frac{M}{K_p - 1} \cdot \frac{1}{1 - \eta} \tag{1-4}$$

式中 K_p——岩石碎胀系数;

　　η——矸石压缩率。

苏联在库兹巴斯矿区的上行开采实践经验和研究成果表明[8-9]:

① 对于缓倾斜和倾斜煤层的开采,如果下部仅为单层煤,当 $K \geqslant 10$ 时,上行开采是可行的;当 $K \leqslant 10$ 时,上部煤层会有不同程度的破坏,但采取适当的技术措施后,仍可以采用上行开采方式。

② 对于急倾斜煤层群的开采,如果下部仅为单层煤,当 $K > 8$ 时,可上行开采。

③ 开采(缓)倾斜煤层时,当 $18 \text{ m} \leqslant H \leqslant 85 \text{ m}$ 时,上、下煤层的开采时间间隔应为 3～12 个月;而在开采急倾斜煤层时,当 $8 \text{ m} \leqslant H \leqslant 70 \text{ m}$ 时,上、下煤层的开采时间间隔应为 3～10 个月。

苏联学者研究发现上行开采的必要条件是有足够的层间距,主要成果如下。

Т. В. 达维江茨指出必要的层间距与下部煤层的采高存在线性关系:

$$H = 20M \tag{1-5}$$

А. д. 基里雅奇科夫指出,当下部为单一煤层时,成功上行开采所需的必要层间距为:

$$H = 12M + 3.5M^2 \tag{1-6}$$

Г. Н. 库兹聂佐夫指出,必要的层间距与下部煤层的采高、岩石碎胀系数相关,即

$$H = \frac{M(3 + 1.5M)}{K_p - 1} \tag{1-7}$$

В. д. 斯列沙烈夫认为,上行开采倾斜煤层时,必要层间距与下煤层采高、岩石碎胀系数及煤层倾角有关:

$$H = \frac{M}{(K_p - 1) \cos \alpha} \tag{1-8}$$

式中 K_p——岩石碎胀系数;

　　α——煤层倾角。

钱鸣高等[10]对砌体梁结构进行了建模,对模型的应力进行了分析,并对岩石块的应力进行了理论计算,对岩块受力与岩层的运移曲线提出见解,并在实际工程中证实了该理论是正确的。

宋振骐等[11]认为断裂岩块之间形成的岩梁结构可以传递作用力。该"传递岩梁"理论分析了矿山压力的来源、支撑压力分布特征和采场结构力学模型的发展规律等重要问题,为研究特定煤层条件下的矿压提供了基础。

贾喜荣等[12]根据"弹性板与铰接板结构"的力学模型,对其进行了深入研究,介绍了一种将场矿压计算法应用于放顶煤层开采的一种新方法。他提出了完全承载层、过渡层和非承载层的判据,并通过实例验证了该模型在放顶煤工作面顶板来压计算中的实用性。贾喜荣等[13]还阐述了采场薄板矿压理论建模的基本思想、理论成果及在煤层开采中的实际应用情况,并指出今后矿压理论研究中需要关注的问题。

在对矿压控制理论进行深入研究和对现场矿压显现监测的发展过程中,研究人员以不同的覆岩特征为依据,提出了多种采场覆岩结构[14-17]。

钱鸣高[18]以不同支撑条件下的顶板受力模型为目标,基于弹性理论建立了 Kichhoff 板力学模型。此后钱鸣高等[19]提出了"关键层"学说与"O"形断层理论,将采场覆岩分为三个横向区域和三个纵向区域,称为"横三区"与"竖三带",该学说已被采矿界公认。

姜福兴[20]研究了 5～8 m 厚的基本顶岩层的力学结构,得出了这一类顶板的断裂方式和特点。针对上行开采工作面向下推进时靠近采空区的开切眼处容易发生底板沉陷,以新疆龟兹煤矿西井 A6-103 为例,采用理论分析与相似模拟相结合的手段,对工作面的顶、底板构造形态进行研究,得出覆岩破裂机理与"上行开采三铰拱式结构"理论。

王寅等[21]针对上覆采煤工作面推进至下煤层采空区开切眼处出现的底板下沉问题,通过对上覆回采条件下的顶、底板构造形态进行了研究,并提出了"上覆回采三铰拱构造"。研究发现近距离煤层群上行开采工作面通过下部煤层采空区开切眼上方前会逐渐形成特殊块体结构,通过相似模拟试验,发现该结构在回采过程中无法保持稳定,会发生二次失稳。针对这个问题,提出了针对性的防治措施。

姜耀东等[22]在大面积巷开采条件下构建了一种均匀加载的深梁受力结构模型,揭示了其覆岩失稳机制,得到了覆岩的应力场分布。在此基础上,对大面积巷式采空区上部煤层逆向回采的可行性进行了判断。

D. Z. Kong 等[23]针对下煤层重复开采扰动导致上煤层顶板破碎特征和覆岩运移规律不明确的问题,对相邻煤层组反复采动下上煤的断裂特性和覆岩的运移规律进行了研究。

S. L. Liu 等[24]以崔木煤矿为例,采用现场测量、力学理论计算和数值模拟分析等方法,得到了该地区流水断裂带(HWFFZ)的高度。通过比较薄板的极限挠度值和地层下部自由空间的高度,得到 HWFFZ 的计算公式。此外,利用现实的失效过程分析软件对 HWFFZ 的动态发展进行了模拟分析。从两个方面分析了 HWFFZ 的异常特征:传统经验公式的不适用性和侏罗系、二叠系煤田上覆地层结构的差异。

近年来,随着煤矿机械化水平与科技水平的提升,将矿压控制理论应用到现场监测、数值计算等持续地丰富采场覆岩结构理论,对煤矿现场开采有着重要价值[25-29]。

刘天泉[30]对我国东部多个煤矿上行开采生产实践实例进行了总结,运用了比值判别法和"三带"判别法,分析了下组煤开采后的采场覆岩破坏特征和运移规律,探讨了采动影响下的覆岩活动规律和分带特征,确定了上行开采可行所需的必要层间距经验公式。

$$H = 1.14M^2 + 4.14 \qquad (1-9)$$

式中　M——下煤层采高。

李鸿昌等[31]对大屯孔庄煤矿顶板上煤进行了现场观察,对顶板来压、观测巷进量、裂隙发育及采场上覆岩体运动等情况进行了分析,并根据顶板平衡原理对顶板回采机理进行了探讨。通过对顶板沉陷曲线和岩体变形的几何学条件的分析,得出了安全层间距计算公式。

$$H = h' + \frac{M\left(1 - \dfrac{K - K'}{K_0 - 1}\right) - L\sin\alpha}{K' - 1} \qquad (1-10)$$

式中　h'——平衡岩层厚度;

　　　K_0——直接顶的初始碎胀系数;

　　　K——平衡岩层拐点位置的碎胀系数;

　　　K'——平衡岩层的碎胀系数;

L——平衡岩块断裂长度；

α——平衡岩块的断裂倾斜角。

汪理全等[32-35]在上行开采条件下开展了较多研究，基于上行开采的机理和条件，对上行开采采场覆岩裂隙变化、导水特性变化和上部巷道的位移和变形规律进行了分析，简化并修正了对比值判别法和围岩平衡法。

雷明辉等[36]基于相似模拟试验、有限元计算及实际生产，对缓倾斜煤组上行开采过程中的岩层运动规律和支撑压力分布规律进行了研究，并提出了两种岩层控制的方法。首先，按照支撑力的分布规律，使采场和巷道位移到低应力区，以防高应力的叠加；其次，通过调整采煤工艺，对采煤过程中的煤层移动进行调整与控制，以改善采煤工作面的支撑压力分布情况，保证采煤工作面处于最佳的应力条件下。

黄庆享[37]通过相似模拟试验与数值计算，对条带式采空区上紧邻煤系地层底板稳定性进行了研究，提出了"条带式采空"是决定底板稳定性的重要因素，上采时不能使其产生拉应力。

曲华等[38]利用有限元数值仿真的方法，对深部高应力难采煤上行卸压采动的影响进行了研究。研究发现：采用上行卸压开采可以显著降低高应力难采煤层的采动应力水平，使其支撑压力集中系数由 3.33 降至 2.18，彻底解决了冲击地压、复合顶板管理、巷道支护等多重高地压难题，是深井高地压矿井开采的一种有效方法。

石永奎等[39]应用 RFPA 有限元软件，研究了深部近距离煤层上行开采条件下上层煤回采巷道的应力场。通过对覆岩导水裂隙带的观测，分析巷道围岩的稳定性，得出上煤层巷道围岩顶板卸压作用显著，上层煤的开切眼应该内错 5 m 以上的结论。

尹增德等[40]以孙村煤矿为研究对象，使用"双端封堵测漏装置"探测深井倾斜煤层开采后的破坏范围和特征。其提出了深井复合顶板煤层上行开采的可行性，并为上行开采覆岩破坏的研究提供了新的技术手段，建立了上行卸压开采可行程度的评价方法，论证了深井复合顶板煤层上行卸压开采的可行程度。

冯国瑞等[41-42]通过试验、理论分析、数值模拟和现场实测研究了残采区上行开采的层间岩层结构、可行性判定方法以及上部煤层底板的移动和变形规律，提出了遗弃煤层上行开采的安全层间距计算公式，并确定了关键层。

1.3　本书主要研究内容

（1）调研、收集、统计分析、补充测试Ⅰ01 采区 4 煤组及以下煤组采动后 3-2 煤层围岩力学特性参数。

（2）研究Ⅰ01 采区 4 煤组及以下煤组开采后采空区上覆岩层"两带"分布规律。

（3）研究Ⅰ01 采区 4 煤组及以下煤组采后 3-2 煤层变形及受力特征。

（4）研究Ⅰ01 采区 4 煤组及以下煤组采后 3-2 煤层高效掘进、回采的安全技术。

（5）研究Ⅰ01 采区 4 煤组及以下煤组采后 3-2 煤层掘进和回采期间下伏 4 煤组及以下煤组采后采空区有毒有害气体对 3-2 煤层开采的影响。

（6）研究Ⅰ01 采区 4 煤组及以下煤组采后 3-2 煤层顶、底板条件下的掘进支护工艺和工作面设备配套。

2 矿井概况

2.1 矿井基本情况

国家能源集团宁夏煤业有限责任公司双马一矿位于宁夏回族自治区宁东煤田马家滩矿区北部,距灵武市东南约 60 km 处,行政区划属灵武市。井田南北走向长约 13.7 km,东西倾斜宽 4.0~4.9 km,井田面积为 65.297 km²。

井田含煤地层为侏罗系延安组,可采及局部可采煤层共 11 层。井田设计可采储量为 564.58 Mt。根据各煤层层间距和可采储量分布情况将本矿煤层群分为 4 组:第 1 组包括 3-1、3-2、4-1、4-2、4-3 等煤层,第 2 组包括 6 煤层,第 3 组包括 10、12 等煤层,第 4 组包括 17、18-1、18-2 等煤层。目前矿井正开采第 4 组煤,采用走向长壁后退式一次采全高采煤工艺,采空区采用全部垮落法管理顶板。

矿井采用斜井开拓方式,共布置 3 条井筒,即主斜井、缓坡副斜井、回风斜井。井田内发育有多条呈南北走向的断裂构造,根据井田地质构造特征、煤层赋存情况,并结合矿井开拓方式、巷道布置及水平划分情况,全井田按煤组和水平标高共划分为 3 个水平 13 个采区,其中矿井先期开采区域按煤层组划分为 4 个采区,其他区域则根据地质构造、水平标高划分为 9 个采区。图 2-1 为双马一矿采区划分示意图。

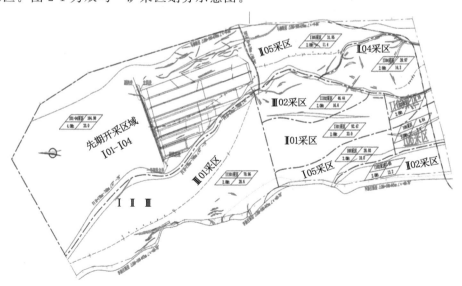

图 2-1 双马一矿采区划分示意图

2.2 位置与交通

双马井田的范围:北以马家滩矿区北边界为界,与鸳鸯湖矿区的麦垛山、红柳井田相邻;南至老庄子断层;西以李新庄断层为界;东至马柳断层。井田南北长 13.7 km,东西宽 4.0~4.9 km,井田面积为 68.2 km²,井田边界拐点坐标详见表 2-1。

双马一矿交通便利,公路方面:经过多年建设已形成较为完善的公路网。北部有国道主干线银(川)—青(岛)高速公路(GZ35)及国道 307 线东西向穿过,南距井田约 25 km;磁窑堡—马家滩—冯记沟三级公路南北向通过井田,向南接盐兴一级公路;向西与 211 国道相接;盐兴一级公路经冯记沟向南,从井田穿过;区内公路网南北交错,向西经灵武市、吴忠市可接于国道 109 线和包兰铁路,向东经盐池县可达延安、太原等地。铁路方面:正在建设中的双线电气化太(原)—中(卫)—银(川)铁路从勘查区南部穿过,西可连接中(卫)宝(鸡)铁路、包(头)兰(州)铁路,东可直达太原。民航方面:银川河东机场有通往全国各主要城市的航班。井田距银川河东机场约 60 km,经国道 211 线或经古窑子均可到达。总之,本区域交通网络完善,十分方便。

表 2-1　划定矿区范围拐点坐标表(1954 北京坐标系 3 度带)

点号	X	Y	点号	X	Y
1	4173171.39	36395953.37	23	4183279.60	36394049.24
2	4174282.60	36395869.36	24	4183374.31	36393879.11
3	4174992.06	36395853.80	25	4183529.11	36393832.16
4	4175424.95	36395761.26	26	4183777.03	36393737.45
5	4176042.23	36395720.07	27	4184181.35	36393473.45
6	4176845.74	36395583.24	28	4184893.36	36393262.41
7	4177092.40	36395586.37	29	4185078.68	36393240.34
8	4177584.17	36395715.06	30	4185541.49	36393221.88
9	4178201.14	36395698.38	31	4185913.08	36393104.35
10	4178757.06	36395631.94	32	4186099.99	36392959.96
11	4179283.39	36395467.18	33	4188370.15	36396291.95
12	4179967.62	36395010.60	34	4187717.33	36397199.50
13	180155.12	36394817.09	35	4186314.48	36397777.43
14	4180402.72	36394746.80	36	4185332.84	36398273.68
15	4180742.51	36394702.17	37	4184977.02	36398663.51
16	4181020.63	36394656.76	38	4184390.60	36398871.40
17	4181360.73	36394587.65	39	4183892.32	36398998.16
18	4181793.02	36394544.22	40	4183449.33	36398991.80
19	4182378.85	36394551.73	41	4183081.16	36399253.91
20	4182750.73	36394409.62	42	4182672.56	36399461.51
21	4183028.54	36394388.70	43	4182321.57	36399613.38
22	4183215.11	26294268.71	44	4181252.10	36399890.94

表 2-1（续）

点号	X	Y	点号	X	Y
45	4181000.31	36399880.85	53	4177480.71	36400216.97
46	4180718.21	36400002.89	54	4177120.56	36400135.98
47	4180327.01	36400060.16	55	4176385.08	36399962.13
48	4179971.41	36400039.93	56	4176032.04	36399983.88
49	4179579.82	36400077.35	57	4175513.02	36400018.57
50	4179212.58	36400080.98	58	4174998.47	36400018.57
51	4178667.64	36400064.98	59	4174414.16	36400023.10
52	4177919.56	36400207.46	60	4173435.98	36396985.97

2.3 矿井建设生产现状

矿井于 2009 年 10 月开工建设,2015 年 12 月 3 日经宁夏回族自治区发展改革委批准,进行联合试运转。2019 年 5 月 7 日,矿井取得营业执照;2020 年 4 月 3 日,矿井取得采矿许可证;2020 年 5 月 14 日,双马煤矿建设项目通过竣工验收;2020 年 6 月 24 日,矿井取得安全生产许可证。矿井首采区为Ⅰ01 采区,采区各系统已形成,正在开采 4-1 煤层、4-2 煤层及 4-3 煤层,其他区域均未开采。

矿井设计生产能力为 4.0 Mt/a,核定生产能力为 4.4 Mt/a。矿井设计服务年限为 96 a,剩余 83 a。采用斜井开拓方式,目前共布置主斜井、副斜井和回风斜井 3 条井筒,均已完成并投入使用。

矿井先期开采区域可采储量为 1.7 亿 t,服务年限为 30.2 a。按煤组划分为 4 个采区,开采顺序按照煤层自上而下依次从Ⅰ01 至Ⅰ04 采区。井下为"一井两面"生产模式,矿井目前生产采区为Ⅰ01 采区,接续采区为Ⅰ02 采区。Ⅰ01 采区为矿井首采区,开采煤层为 4-1 煤层、4-2 煤层、4-3 煤层;Ⅰ02 采区开采煤层为 6 煤层;Ⅰ03 采区开采煤层为 10 煤层、12 煤层;Ⅰ04 采区开采煤层为 17 煤层。

目前矿井为单水平开采,水平标高为+1 046 m,开采深度为 392 m,采用盘区式布置,在各煤组分别设置运输大巷、辅助运输大巷、回风大巷,主要开采一煤组,即Ⅰ01 采区,接续准备采区为二煤组,即Ⅰ02 采区,已完成采区回风大巷、辅助运输大巷、运输大巷、采区煤仓和采区变电所工程。

Ⅰ01 采区为矿井生产采区,开采煤层为 4-1 煤层、4-2 煤层、4-3 煤层,预计采出煤量为 4 707.2 万 t,截至 2022 年 8 月底,Ⅰ01 采区累计采出煤量为 2 289.2 万 t,剩余可采储量为 2 417.9 万 t,其中,4-1 煤层已回采 5 个工作面,采出煤量 1 936.0 万 t,剩余 4107、4108 工作面,剩余可采储量为 658.5 万 t;4-2 煤层已回采 2 个工作面,采出煤量 303.3 万 t,剩余 4 个工作面,剩余可采储量为 733.5 万 t;4-3 煤层已回采 1 个工作面,采出煤量 50.0 万 t,剩余 6 个工作面,剩余可采储量为 1 026 万 t。Ⅰ02 采区为矿井接续采区,开采煤层为 6 煤层,设计可采储量为 2 636 万 t,目前正在进行准备巷道的施工,回采巷道尚未施工。

3　煤岩物理力学性质评估

3.1　煤岩层试样采集

为了掌握双马一矿 4 煤组已开采条件下 3-2 煤层上行开采的可行性,2022 年 7 月,按照《煤和岩石物理力学性质测定方法 第 1 部分:采样一般规定》(GB/T 23561.1—2009),课题组根据双马一矿 4-1 煤层、4-2 煤层、4-3 煤层的生产地质条件及巷道布置情况,在现场调研基础上,确定煤岩层取样方案,使其能合理反映 I 01 采区 4 煤组及 3-2 煤层顶、底板岩层的物理力学特性。本次试验所需煤样及顶、底板岩样的采集地点 I 01 采区通风措施巷 6# 调车硐室内(3# 钻场)施工取芯孔,取芯孔平面图、柱状图如图 3-1 和图 3-2 所示。所取煤岩样如图 3-3 所示。

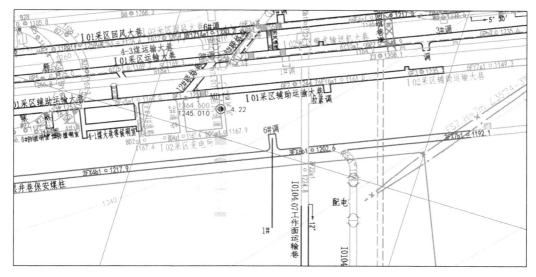

图 3-1　取芯孔平面图

3.2　试样加工

(1)单轴抗压强度试验煤岩样加工

按照国内有关试验规程的规定,抗压试验应采用直径或边长为 50 mm、高径比为 2 的标准试件。利用 ZS-100 型全自动岩石钻孔机把煤岩样加工成直径或边长为 50 mm 的煤岩芯,然后用 HJD-150 型混凝土锯切机按照 100 mm 长度切割煤岩样,最后用 SCM200 双端

柱状	层号	岩性	累计厚度/m	厚度/m	岩性描述
	4	泥岩	82.00	10.67	浅灰色，夹紫褐色斑点，岩性致密、细腻，用手捏有滑腻感，质软易碎，易风化
	5	中粒砂岩	90.12	8.12	浅灰色，局部紫红色，主要矿物成分为石英、长石，岩屑次之，含有云母碎片，钙质-泥质胶结，局部有小裂隙，方解石充填
	6	3-2煤层	91.20	1.08	黑色，沥青光泽，主要以暗煤为主，含有少量丝炭，夹镜煤条带，块状构造
	7	粉砂岩	94.00	2.80	灰色，夹薄层中粒砂岩，含有大量植物茎叶化石，含有煤包体及暗色矿物，见水平层理及缓波状层理
	8	中粒砂岩	111.20	17.20	灰色，下部为黄色，含有煤包体及云母碎片，主要矿物成分为石英、长石，岩屑次之，分选性中等，次圆状，钙质-泥质胶结，上部有小裂隙
	9	粉砂岩	115.33	4.13	灰-灰黑色，夹薄层细粒砂岩，含有大量植物茎叶化石，见水平层理及缓波状层理，质软易碎
	10	4-1煤层	119.59	4.26	黑色，沥青光泽，半暗淡型煤为主，暗淡型煤次之，含有少量丝炭，夹镜煤条带，块状构造
	11	粉砂岩	122.72	3.13	灰黑色，含有大量植物茎叶化石，质软
	12	炭质泥岩	123.87	1.15	黑黑色，细腻，含有大量植物茎叶化石
	13	粉砂岩	124.78	0.91	灰黑色，沥青光泽，主要以暗型煤为主，含有少量丝炭，块状构造，质软易碎
	14	4-2煤层	126.30	1.52	黑色，沥青光泽，半暗型煤，含有大量植物茎叶化石及煤石包体，见水平层理，简单结构
	15	细粒砂岩	131.00	4.70	灰色，顶部夹薄层粉砂岩，含有大量植物茎叶化石，主要成分为石英、长石，岩屑次之，岩屑次之，见水平层理及交错层理，块状构造
	16	中粒砂岩	136.12	5.12	灰褐色，含有煤包体及云母碎片，主要成分为石英、长石，次圆状，分选性中等，性脆，钙质胶结
	17	4-3煤层	136.50	0.38	黑色，沥青光泽，半暗型煤为主，钙质胶结-泥质胶结

图3-2 取芯柱状图

(a)　　　　　　　　　　　　　(b)

图 3-3　煤及顶、底板煤岩样

面磨平机使煤岩样两端光滑平整。按规程要求标准试件直径或边长为 50 mm,允许变化范围为 48～52 mm;高度为 100 mm,允许变化范围为 95～105 mm。试样两端面不平行度不得大于 0.1 mm;端面应垂直于试样轴线,最大偏差不超过 0.25°。

(2)抗拉强度试验煤岩样加工

利用 ZS-100 型全自动岩石钻孔机把煤岩样加工成直径为 50 mm 的煤岩芯,然后用 HJD-150 型混凝土锯切机按照 25 mm 长度切割煤岩样,试样尺寸允许变化范围不宜超过 5%,最后用 SCM200 双端面磨平机使煤岩样两端光滑平整。在试样整个厚度上,直径误差不得超过 0.1 mm;试样两端面不平行度不得大于 0.1 mm;端面应垂直于试样轴线,最大偏差不得超过 0.25°。

(3)抗剪强度试验煤岩样加工

利用 ZS-100 型全自动岩石钻孔机把煤岩样加工成直径为 50 mm 的煤岩芯,然后用 HJD-150 型混凝土锯切机按照 50 mm 长度切割煤岩样,试样尺寸允许变化范围不宜超过 5%,最后用 SCM200 双端面磨平机使煤岩样两端光滑平整。在试样整个厚度上,直径误差不得超过 0.1 mm;试样两端面不平行度不得大于 0.1 mm;端面应垂直于试样轴线,最大偏差不超过 0.25°。试件数量应根据试验方式确定,本次试验采用 3 个剪切角度,每个角度下做 2～3 个试件的剪切试验,所需试件数量为 6～9 个,在计算平均值的同时应计算偏离度,若偏离度超过 20%,则应增补试件数量,使偏离度不大于 20%。

煤岩试件加工过程如图 3-4 所示。部分煤岩样试件如图 3-5 所示。

(a)　　　　　　　　　　　　　(b)

图 3-4　煤岩试件加工过程

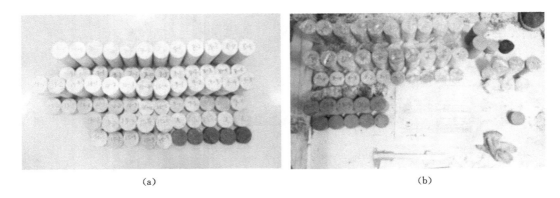

(a) (b)

图 3-5　部分煤岩样试件

根据国家采样标准,本次试验共加工煤岩标准试件 140 块,本次试验试件数量见表 3-1。

表 3-1　双马一矿煤岩样汇总表

试件编号	煤岩层名称	岩性	制样数量/个
3-2-D_n^2-1$^\#$～10$^\#$	3-2 煤顶$_2$	泥岩	10
3-2-D_{zs}^1-1$^\#$～10$^\#$	3-2 煤顶$_1$	中粒砂岩	10
3-2-M-1$^\#$～10$^\#$	3-2 煤	煤	10
3-2-X_{fs}-1$^\#$～10$^\#$	3-2 煤底板	粉砂岩	10
4-1-D_{zs}^2-1$^\#$～10$^\#$	4-1 煤顶$_2$	中粒砂岩	10
4-1-D_{fs}^1-1$^\#$～10$^\#$	4-1 煤顶$_1$	粉砂岩	10
4-1-M-1$^\#$～10$^\#$	4-1 煤	煤	10
4-1-X_{fs}-1$^\#$～10$^\#$	4-1 煤底板	粉砂岩	10
4-2-D^2tn-1$^\#$～10$^\#$	4-2 煤顶$_2$	炭质泥岩	10
4-2-D^1fs-1$^\#$～10$^\#$	4-2 煤顶$_1$	粉砂岩	10
4-2-M-1$^\#$～10$^\#$	4-2 煤	煤	10
4-2-X_{xs}-1$^\#$～10$^\#$	4-2 煤底板	细粒砂岩	10
4-3-D^1zs-1$^\#$～10$^\#$	4-3 煤顶$_1$	中粒砂岩	10
4-3-M-1$^\#$～10$^\#$	4-3 煤	煤	10

3.3　煤岩物理力学性质指标测试

为了掌握Ⅰ01采区顶板岩层的分布情况及力学性质,根据Ⅰ01采区的生产地质条件及巷道布置情况,在现场调研基础上,确定在Ⅰ01采区进行煤岩取样,使其能合理反映Ⅰ01采区煤层及其顶、底板岩层的物理力学特性,主要包括围岩视密度、单轴抗拉强度、单轴抗压强度、变形模量、泊松比、黏聚力、内摩擦角等,为项目实施过程中的理论分析、相似模拟试验和数值计算提供基础数据。

本次试验涉及内容包括:煤岩的单轴压缩与变形试验、煤岩劈裂试验和煤岩直接剪切试验,试验工作严格依据《水利水电工程岩石试验规程》(SL/T 264—2020)进行。

(1)煤岩的单轴压缩与变形计算

$$\sigma_c = P_{max}/A \tag{3-1}$$

$$E = \sigma_c(50)/\varepsilon_h(50) \tag{3-2}$$

$$\mu = \varepsilon_d(50)/\varepsilon_h(50) \tag{3-3}$$

式中 σ_c——煤岩单轴抗压强度,MPa;

P_{max}——煤岩试件最大破坏荷载,N;

A——试件受压面面积,mm^2;

E——试件的弹性模量,MPa;

$\varepsilon_c(50)$——试件单轴抗压强度的50%,MPa;

$\varepsilon_d(50),\varepsilon_h(50)$——$\sigma_c(50)$处对应的径向拉伸应变和轴向压缩应变;

μ——泊松比。

(2)煤岩劈裂试验计算

$$\sigma_t = 2P_{max}/(\pi DH) \tag{3-4}$$

式中 σ_t——煤岩抗拉强度,MPa;

P_{max}——破坏载荷,N;

D——试件的直径,mm;

H——试件的高度,mm。

(3)煤岩直接剪切试验抗剪强度计算

$$\begin{cases} \sigma = P\cos\alpha/A \\ \tau = P\sin\alpha/A \\ \tau = \sigma\tan\varphi + C \end{cases} \tag{3-5}$$

式中 σ——正应力,MPa;

τ——抗剪强度,MPa;

P——煤岩试件最大破坏荷载,N;

α——夹具剪切角,(°);

A——试件剪切面积,mm^2;

φ——试件的内摩擦角,(°);

C——试件的黏聚力,MPa。

3.3.1 Ⅰ01采区煤岩层块体密度测定

根据在Ⅰ01采区取岩芯,其他岩层可参考这14层岩样进行物理力学参数选取。岩层块体共进行了14组70个试样的密度测试,测定结果见表3-2。

表 3-2   I 01 采区煤岩层块体密度测定结果

岩层	岩性	试件编号	试件尺寸（直径×高）/mm×mm	块体密度/(kg/m³)	块体密度平均值/(kg/m³)
3-2 煤顶$_2$	泥岩	3-2-D$_n^2$-1	50.12×102.32	2 562.77	2 557.85
		3-2-D$_n^2$-2	50.18×101.20	2 518.97	
		3-2-D$_n^2$-3	50.16×100.54	2 592.75	
		3-2-D$_n^2$-4	50.21×100.41	2 590.06	
		3-2-D$_n^2$-5	50.13×100.17	2 524.72	
3-2 煤顶$_1$	中粒砂岩	3-2-D$_{zs}^1$-1	50.24×101.20	2 634.89	2 581.71
		3-2-D$_{zs}^1$-2	50.18×102.02	2 562.60	
		3-2-D$_{zs}^1$-3	50.20×102.16	2 575.65	
		3-2-D$_{zs}^1$-4	5.015×101.10	2 569.56	
		3-2-D$_{zs}^1$-5	50.08×102.22	2 565.87	
3-2 煤	煤	3-2-M-1	50.04×102.25	1 359.84	1 353.61
		3-2-M-2	50.13×101.36	1 350.66	
		3-2-M-3	50.13×101.18	1 356.64	
		3-2-M-4	50.10×101.36	1 351.83	
		3-2-M-5	50.10×101.04	1 349.07	
3-2 煤底	粉砂岩	3-2-X$_{fs}$-1	50.30×102.16	2 422.36	2 457.44
		3-2-X$_{fs}$-2	50.18×103.20	2 378.56	
		3-2-X$_{fs}$-3	50.26×100.54	2 452.34	
		3-2-X$_{fs}$-4	50.11×100.52	2 549.65	
		3-2-X$_{fs}$-5	50.16×101.08	2 484.31	
4-1 煤顶$_2$	中粒砂岩	4-1-D$_{zs}^2$-1	50.23×102.14	2 664.94	2 611.76
		4-1-D$_{zs}^2$-2	50.13×103.20	2 592.65	
		4-1-D$_{zs}^2$-3	50.12×100.54	2 605.73	
		4-1-D$_{zs}^2$-4	50.15×100.34	2 599.61	
		4-1-D$_{zs}^2$-5	50.15×100.26	2 595.92	
4-1 煤顶$_1$	粉砂岩	4-1-D$_{fs}^1$-1	50.12×102.14	2 387.78	2 422.51
		4-1-D$_{fs}^1$-2	50.14×103.20	2 344.41	
		4-1-D$_{fs}^1$-3	50.22×100.34	2 417.46	
		4-1-D$_{fs}^1$-4	50.12×100.52	2 513.79	
		4-1-D$_{fs}^1$-5	50.12×101.32	2 449.11	
4-1 煤	煤	4-1-M-1	50.14×102.21	1 342.03	1 327.87
		4-1-M-2	50.18×101.22	1 332.94	
		4-1-M-3	50.24×100.24	1 338.86	
		4-1-M-4	50.15×101.32	1 294.15	
		4-1-M-5	50.11×100.30	1 331.37	

表3-2（续）

岩层	岩性	试件编号	试件尺寸（直径×高）/mm×mm	块体密度 /(kg/m³)	块体密度平均值 /(kg/m³)
4-1煤底板	粉砂岩	4-1-X$_{fs}$-1	50.12×102.14	2 435.54	2 470.96
		4-1-X$_{fs}$-2	50.12×103.20	2 391.30	
		4-1-X$_{fs}$-3	50.22×101.44	2 465.81	
		4-1-X$_{fs}$-4	50.12×100.54	2 564.07	
		4-1-X$_{fs}$-5	50.14×100.21	2 498.09	
4-2煤顶$_2$	炭质泥岩	4-2-D$_{tn}^2$-1	50.34×102.18	2 420.53	2 508.08
		4-2-D$_{tn}^2$-2	50.18×103.21	2 537.90	
		4-2-D$_{tn}^2$-3	50.21×100.14	2 610.48	
		4-2-D$_{tn}^2$-4	50.11×100.32	2 469.09	
		4-2-D$_{tn}^2$-5	50.13×101.05	2 502.39	
4-2煤顶$_1$	粉砂岩	4-2-D$_{fs}^1$-1	50.32×102.14	2 425.18	2 460.60
		4-2-D$_{fs}^1$-2	50.18×103.20	2 380.94	
		4-2-D$_{fs}^1$-3	50.23×100.34	2 455.45	
		4-2-D$_{fs}^1$-4	50.11×100.51	2 553.71	
		4-2-D$_{fs}^1$-5	50.34×102.06	2 487.73	
4-2煤	煤	4-2-M-1	50.18×103.25	1 406.13	1 392.65
		4-2-M-2	50.26×100.53	1 363.47	
		4-2-M-3	50.11×100.21	1 404.41	
		4-2-M-4	50.34×102.23	1 416.13	
		4-2-M-5	50.18×100.20	1 373.13	
4-2煤底板	细粒砂岩	4-2-X$_{xs}$-1	50.26×100.54	2 808.82	2 785.30
		4-2-X$_{xs}$-2	50.31×100.12	2 832.26	
		4-2-X$_{xs}$-3	50.14×102.14	2 746.21	
		4-2-X$_{xs}$-4	50.18×103.20	2 812.26	
		4-2-X$_{xs}$-5	50.16×100.54	2 726.94	
4-3煤顶$_1$	中粒砂岩	4-3-D$_{zs}^1$-1	50.03×100.21	2 776.26	2 815.35
		4-3-D$_{zs}^1$-2	50.21×100.15	2 842.31	
		4-3-D$_{zs}^1$-3	50.05×102.06	2 756.99	
		4-3-D$_{zs}^1$-4	50.15×100.13	2 838.87	
		4-3-D$_{zs}^1$-5	50.13×100.12	2 862.31	
4-3煤	煤	4-3-M-1	50.08×101.25	1 336.82	1 322.66
		4-3-M-2	50.16×100.14	1 327.73	
		4-3-M-3	50.12×100.24	1 333.65	
		4-3-M-4	50.21×102.32	1 288.94	
		4-3-M-5	50.15×100.21	1 326.16	

3.3.2　Ⅰ01 采区煤岩层块体单轴抗压强度测定

Ⅰ01 采区煤岩层共进行了 14 组 70 个试样的单轴抗压强度测试。测试过程如图 3-6 所示，典型的测试曲线如图 3-7 所示，测试结果见表 3-3。

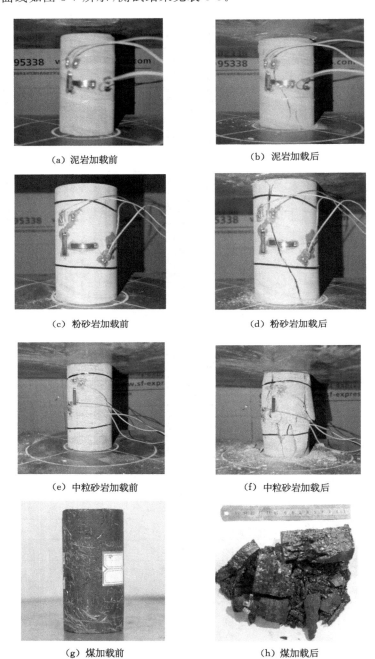

（a）泥岩加载前　　　　　　　　　　（b）泥岩加载后

（c）粉砂岩加载前　　　　　　　　　（d）粉砂岩加载后

（e）中粒砂岩加载前　　　　　　　　（f）中粒砂岩加载后

（g）煤加载前　　　　　　　　　　　（h）煤加载后

图 3-6　岩样单轴抗压强度测试前后

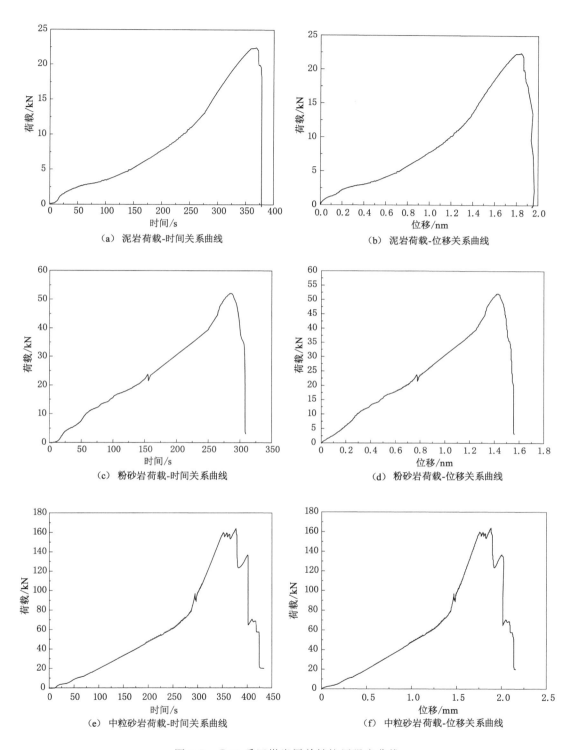

（a）泥岩荷载-时间关系曲线

（b）泥岩荷载-位移关系曲线

（c）粉砂岩荷载-时间关系曲线

（d）粉砂岩荷载-位移关系曲线

（e）中粒砂岩荷载-时间关系曲线

（f）中粒砂岩荷载-位移关系曲线

图 3-7　Ⅰ01 采区煤岩层单轴抗压强度曲线

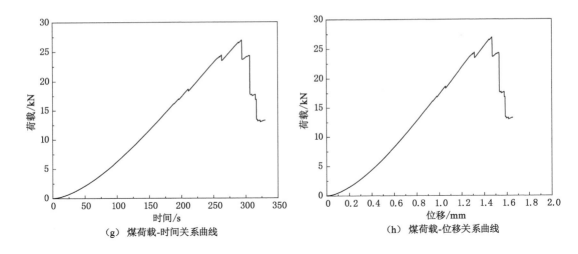

（g）煤荷载-时间关系曲线　　　　　　　（h）煤荷载-位移关系曲线

图 3-7 （续）

表 3-3　Ⅰ01 采区岩层单轴抗压强度测定结果

岩层	岩性	试件编号	试件尺寸（直径×高）/mm×mm	破坏荷载/kN	单轴抗压强度/MPa	单轴抗压强度平均值/MPa
3-2 煤顶$_2$	泥岩	3-2-D_n^2-1	50.12×102.32	18.79	9.57	
		3-2-D_n^2-2	50.18×101.20	22.36	11.39	
		3-2-D_n^2-3	50.16×100.54	20.56	10.48	10.33
		3-2-D_n^2-4	50.21×100.41	19.62	10.00	
		3-2-D_n^2-5	50.13×100.17	20.54	10.19	
3-2 煤顶$_1$	中粒砂岩	3-2-D_{zs}^1-1	50.24×101.20	174.42	48.88	
		3-2-D_{zs}^1-2	50.18×102.02	132.67	27.60	
		3-2-D_{zs}^1-3	50.20×102.16	191.66	57.66	45.06
		3-2-D_{zs}^1-4	5.015×101.10	163.56	43.34	
		3-2-D_{zs}^1-5	50.08×102.22	172.36	47.83	
3-2 煤	煤	3-2-M-1	50.04×102.25	30.40	15.49	
		3-2-M-2	50.13×101.36	32.67	16.65	
		3-2-M-3	50.13×101.18	19.66	10.02	13.89
		3-2-M-4	50.10×101.36	26.35	13.43	
		3-2-M-5	50.10×101.04	27.23	13.88	
3-2 煤底	粉砂岩	3-2-X_{fs}-1	50.30×102.16	39.20	19.97	
		3-2-X_{fs}-2	50.18×103.20	47.14	24.02	
		3-2-X_{fs}-3	50.26×100.54	51.20	26.09	23.72
		3-2-X_{fs}-4	50.11×100.52	52.11	26.55	
		3-2-X_{fs}-5	50.16×101.08	43.12	21.97	

表3-3（续）

岩层	岩性	试件编号	试件尺寸（直径×高）/mm×mm	破坏荷载/kN	单轴抗压强度/MPa	单轴抗压强度平均值/MPa
4-1 煤顶$_2$	中粒砂岩	4-1-D$_{zs}^2$-1	50.23×102.14	171.79	47.54	43.54
		4-1-D$_{zs}^2$-2	50.13×103.20	163.84	43.49	
		4-1-D$_{zs}^2$-3	50.12×100.54	184.73	54.13	
		4-1-D$_{zs}^2$-4	50.15×100.34	127.58	25.01	
		4-1-D$_{zs}^2$-5	50.15×100.26	171.78	47.53	
4-1 煤顶$_1$	粉砂岩	4-1-D$_{fs}^1$-1	50.12×102.14	26.68	13.59	18.55
		4-1-D$_{fs}^1$-2	50.14×103.20	44.31	22.58	
		4-1-D$_{fs}^1$-3	50.22×100.34	39.55	20.15	
		4-1-D$_{fs}^1$-4	50.12×100.52	31.32	15.96	
		4-1-D$_{fs}^1$-5	50.12×101.32	40.21	20.49	
4-1 煤	煤	4-1-M-1	50.14×102.21	26.75	13.63	13.04
		4-1-M-2	50.18×101.22	32.67	16.65	
		4-1-M-3	50.24×100.24	19.66	10.02	
		4-1-M-4	50.15×101.32	26.56	13.53	
		4-1-M-5	50.11×100.30	22.36	11.39	
4-1 煤底板	粉砂岩	4-1-X$_{fs}$-1	50.12×102.14	38.91	19.82	19.64
		4-1-X$_{fs}$-2	50.12×103.20	42.32	21.56	
		4-1-X$_{fs}$-3	50.22×101.44	35.47	18.07	
		4-1-X$_{fs}$-4	50.12×100.54	36.87	18.79	
		4-1-X$_{fs}$-5	50.14×100.21	39.15	19.95	
4-2 煤顶$_2$	炭质泥岩	4-2-D$_{tn}^2$-1	50.34×102.18	38.97	19.86	19.28
		4-2-D$_{tn}^2$-2	50.18×103.21	28.85	14.70	
		4-2-D$_{tn}^2$-3	50.21×100.14	45.42	23.14	
		4-2-D$_{tn}^2$-4	50.11×100.32	36.81	18.76	
		4-2-D$_{tn}^2$-5	50.13×101.05	39.15	19.95	
4-2 煤顶$_1$	粉砂岩	4-2-D$_{fs}^1$-1	50.32×102.14	27.3	13.91	16.76
		4-2-D$_{fs}^1$-2	50.18×103.20	38.28	19.51	
		4-2-D$_{fs}^1$-3	50.23×100.34	36.99	18.85	
		4-2-D$_{fs}^1$-4	50.11×100.51	29.32	14.94	
		4-2-D$_{fs}^1$-5	50.34×102.06	32.53	16.58	
4-2 煤	煤	4-2-M-1	50.18×103.25	28.75	14.65	13.54
		4-2-M-2	50.26×100.53	30.67	15.63	
		4-2-M-3	50.11×100.21	33.48	17.06	
		4-2-M-4	50.34×102.23	13.56	6.91	
		4-2-M-5	50.18×100.20	26.36	13.43	

表3-3（续）

岩层	岩性	试件编号	试件尺寸（直径×高）/mm×mm	破坏荷载/kN	单轴抗压强度/MPa	单轴抗压强度平均值/MPa
4-2煤底板	细粒砂岩	4-2-X_{xs}-1	50.26×100.54	181.13	52.30	46.43
		4-2-X_{xs}-2	50.31×100.12	155.22	39.09	
		4-2-X_{xs}-3	50.14×102.14	183.79	53.65	
		4-2-X_{xs}-4	50.18×103.20	148.53	35.68	
		4-2-X_{xs}-5	50.16×100.54	179.46	51.44	
4-3煤顶$_1$	中粒砂岩	4-3-D_{zs}^1-1	50.03×100.21	181.74	52.61	42.77
		4-3-D_{zs}^1-2	50.21×100.15	209.22	66.61	
		4-3-D_{zs}^1-3	50.05×102.06	134.43	28.50	
		4-3-D_{zs}^1-4	50.15×100.13	148.19	35.51	
		4-3-D_{zs}^1-5	50.13×100.12	138.57	30.61	
4-3煤	煤	4-3-M-1	50.08×101.25	28.62	14.58	11.78
		4-3-M-2	50.16×100.14	22.37	11.40	
		4-3-M-3	50.12×100.24	18.67	9.51	
		4-3-M-4	50.21×102.32	25.61	13.05	
		4-3-M-5	50.15×100.21	20.36	10.37	

3.3.3　Ⅰ01采区煤岩层抗拉强度测定

　　Ⅰ01采区煤岩层共进行了14组70个试样的抗拉强度测试。测试过程如图3-8所示，测试结果见表3-4。

（a）泥岩加载前　　　　　　　　（b）泥岩加载后

图3-8　岩样抗拉强度测试前后

（c）中粒砂岩加载前　　　　　　　　　（d）中粒砂岩加载后

（e）粉砂岩加载前　　　　　　　　　　（f）粉砂岩加载后

（g）煤加载前　　　　　　　　　　　　（h）煤加载后

图 3-8 （续）

表 3-4　Ⅰ01 采区岩层单轴抗拉强度测定结果

岩层	岩性	试件编号	试件尺寸（直径×高）/mm×mm	破坏荷载/kN	抗拉强度/MPa	抗拉强度平均值/MPa
3-2 煤顶$_2$	泥岩	3-2-D_n^2-1	50.12×25.32	1.7	0.85	0.79
		3-2-D_n^2-2	50.08×24.98	1.58	0.80	
		3-2-D_n^2-3	50.26×25.04	1.48	0.75	
		3-2-D_n^2-4	50.21×25.21	1.78	0.90	
		3-2-D_n^2-5	50.03×25.17	1.24	0.63	

表3-4(续)

岩层	岩性	试件编号	试件尺寸(直径×高)/mm×mm	破坏荷载/kN	抗拉强度/MPa	抗拉强度平均值/MPa
3-2 煤顶$_1$	中粒砂岩	3-2-D$_{zs}^1$-1	50.24×25.20	3.87	1.95	2.07
		3-2-D$_{zs}^1$-2	50.18×25.12	3.85	1.95	
		3-2-D$_{zs}^1$-3	50.20×25.16	4.42	2.23	
		3-2-D$_{zs}^1$-4	50.15×25.10	3.69	1.87	
		3-2-D$_{zs}^1$-5	50.18×25.10	4.62	2.33	
3-2 煤	煤	3-2-M-1	50.24×25.25	1.18	0.61	0.50
		3-2-M-2	50.10×25.06	0.81	0.41	
		3-2-M-3	50.13×25.18	1.61	0.81	
		3-2-M-4	50.05×25.32	0.82	0.42	
		3-2-M-5	50.12×25.04	0.48	0.24	
3-2 煤底	粉砂岩	3-2-X$_{fs}$-1	50.20×25.16	2.58	1.30	1.56
		3-2-X$_{fs}$-2	50.18×25.20	4.12	2.08	
		3-2-X$_{fs}$-3	50.22×25.24	2.08	1.05	
		3-2-X$_{fs}$-4	50.11×25.12	3.56	1.80	
		3-2-X$_{fs}$-5	50.14×25.08	3.10	1.57	
4-1 煤顶$_2$	中粒砂岩	4-1-D$_{zs}^2$-1	50.20×24.94	4.16	2.12	2.06
		4-1-D$_{zs}^2$-2	50.13×25.20	4.52	2.28	
		4-1-D$_{zs}^2$-3	50.22×25.04	3.86	1.96	
		4-1-D$_{zs}^2$-4	50.15×25.34	2.86	1.43	
		4-1-D$_{zs}^2$-5	50.15×25.26	5.04	2.53	
4-1 煤顶$_1$	粉砂岩	4-1-D$_{fs}^1$-1	50.12×25.14	3.46	1.75	1.66
		4-1-D$_{fs}^1$-2	50.14×25.20	3.94	1.99	
		4-1-D$_{fs}^1$-3	50.22×25.34	3.58	1.79	
		4-1-D$_{fs}^1$-4	50.12×25.52	4.10	2.04	
		4-1-D$_{fs}^1$-5	50.12×25.32	1.42	0.71	
4-1 煤	煤	4-1-M-1	50.14×25.20	1.35	0.69	0.57
		4-1-M-2	50.18×25.22	0.98	0.50	
		4-1-M-3	50.24×25.24	1.25	0.64	
		4-1-M-4	50.15×24.92	1.02	0.52	
		4-1-M-5	50.11×25.30	0.98	0.50	
4-1 煤底板	粉砂岩	4-1-X$_{fs}$-1	50.12×25.14	3.62	1.83	1.77
		4-1-X$_{fs}$-2	50.18×25.20	4.08	2.06	
		4-1-X$_{fs}$-3	50.02×25.14	2.96	1.50	
		4-1-X$_{fs}$-4	50.12×25.24	4.06	2.04	
		4-1-X$_{fs}$-5	50.24×25.22	2.81	1.41	

表 3-4（续）

岩层	岩性	试件编号	试件尺寸(直径×高)/mm×mm	破坏荷载/kN	抗拉强度/MPa	抗拉强度平均值/MPa
4-2 煤顶$_2$	碳质泥岩	4-2-D_{tn}^2-1	50.34×25.18	2.30	1.16	1.09
		4-2-D_{tn}^2-2	50.18×25.21	2.18	1.10	
		4-2-D_{tn}^2-3	50.21×25.14	2.08	1.05	
		4-2-D_{tn}^2-4	50.11×25.22	2.38	1.20	
		4-2-D_{tn}^2-5	50.13×25.06	1.84	0.93	
4-2 煤顶$_1$	粉砂岩	4-2-D_{fs}^1-1	50.32×24.94	2.33	1.18	1.34
		4-2-D_{fs}^1-2	50.18×25.20	2.95	1.49	
		4-2-D_{fs}^1-3	50.23×25.34	2.85	1.43	
		4-2-D_{fs}^1-4	50.11×25.22	3.01	1.52	
		4-2-D_{fs}^1-5	50.34×25.06	2.13	1.08	
4-2 煤	煤	4-2-M-1	50.18×25.24	0.95	0.48	0.56
		4-2-M-2	50.26×25.22	0.68	0.35	
		4-2-M-3	50.11×25.20	1.55	0.79	
		4-2-M-4	50.34×25.08	1.38	0.70	
		4-2-M-5	50.18×24.98	0.89	0.45	
4-2 煤底板	细粒砂岩	4-2-X_{xs}-1	50.26×25.04	3.83	1.94	1.94
		4-2-X_{xs}-2	50.31×25.12	3.55	1.79	
		4-2-X_{xs}-3	50.14×25.14	3.79	1.92	
		4-2-X_{xs}-4	50.18×25.20	4.17	2.10	
		4-2-X_{xs}-5	50.16×25.24	3.93	1.98	
4-3 煤顶$_1$	中粒砂岩	4-3-D_{zs}^1-1	50.04×25.21	4.21	2.13	2.14
		4-3-D_{zs}^1-2	50.22×25.15	3.91	1.97	
		4-3-D_{zs}^1-3	50.08×25.06	4.17	2.12	
		4-3-D_{zs}^1-4	50.16×25.14	4.59	2.32	
		4-3-D_{zs}^1-5	50.14×25.12	4.32	2.19	
4-3 煤	煤	4-3-M-1	50.08×25.25	1.05	0.54	0.64
		4-3-M-2	50.16×25.14	0.78	0.40	
		4-3-M-3	50.12×25.24	1.25	0.64	
		4-3-M-4	50.21×25.32	1.22	0.62	
		4-3-M-5	50.15×25.12	1.98	1.01	

3.3.4 Ⅰ01 采区弹性模量和泊松比测定

Ⅰ01 采区煤岩层共进行了 14 组 70 个试样的弹性模量和泊松比测试。测试结果见表 3-5。

表 3-5　Ⅰ01 采区岩层弹性模量和泊松比测定结果

岩层	岩性	试件编号	试件尺寸(直径×高)/mm×mm	破坏荷载/kN	弹性模量/MPa	弹性模量平均值/MPa	泊松比	泊松比平均值
3-2 煤顶$_2$	泥岩	3-2-D$_n^2$-1	50.12×102.32	16.79	5 681.34		0.26	
		3-2-D$_n^2$-2	50.18×101.20	22.36	4 920.72		0.26	
		3-2-D$_n^2$-3	50.16×100.54	20.56	6 850.86	6 018.82	0.23	0.26
		3-2-D$_n^2$-4	50.21×100.41	19.62	7 290.44		0.28	
		3-2-D$_n^2$-5	50.13×100.17	10.54	5 350.73		0.25	
3-2 煤顶$_1$	中粒砂岩	3-2-D$_{zs}^1$-1	50.24×101.20	174.42	38 729.19		0.25	
		3-2-D$_{zs}^1$-2	50.18×102.02	132.67	34 723.42		0.26	
		3-2-D$_{zs}^1$-3	50.20×102.16	191.66	36 720.84	36 724.56	0.24	0.25
		3-2-D$_{zs}^1$-4	5.015×101.10	163.56	35 726.82		0.27	
		3-2-D$_{zs}^1$-5	50.08×102.22	172.36	37 722.54		0.24	
3-2 煤	煤	3-2-M-1	50.04×102.25	30.40	5 429.74		0.31	
		3-2-M-2	50.13×101.36	32.67	2 669.69		0.33	
		3-2-M-3	50.13×101.18	19.66	3 639.86	4 635.79	0.30	0.31
		3-2-M-4	50.10×101.36	26.35	6 939.82		0.32	
		3-2-M-5	50.10×101.04	27.23	4 499.84		0.31	
3-2 煤底	粉砂岩	3-2-X$_{fs}$-1	50.30×102.16	39.20	16 040.04		0.18	
		3-2-X$_{fs}$-2	50.18×103.20	47.14	14 500.22		0.22	
		3-2-X$_{fs}$-3	50.26×100.54	51.20	17 350.08	14 934.13	0.20	0.21
		3-2-X$_{fs}$-4	50.11×100.52	52.11	14 410.16		0.23	
		3-2-X$_{fs}$-5	50.16×101.08	43.12	12 370.14		0.22	
4-1 煤顶$_2$	中粒砂岩	4-1-D$_{zs}^2$-1	50.23×102.14	171.79	36 117.45		0.25	
		4-1-D$_{zs}^2$-2	50.13×103.20	103.84	32 475.84		0.26	
		4-1-D$_{zs}^2$-3	50.12×100.54	84.73	34 291.67	344 295.06	0.26	0.26
		4-1-D$_{zs}^2$-4	50.15×100.34	127.58	33 388.02		0.24	
		4-1-D$_{zs}^2$-5	50.15×100.26	81.78	35 202.31		0.27	
4-1 煤顶$_2$	粉砂岩	4-1-D$_{fs}^1$-1	50.12×102.14	26.68	15 069.66		0.20	
		4-1-D$_{fs}^1$-2	50.14×103.20	44.31	14 845.82		0.22	
		4-1-D$_{fs}^1$-3	50.22×100.34	39.55	16 449.79	14 578.81	0.20	0.21
		4-1-D$_{fs}^1$-4	50.12×100.52	31.32	12 263.89		0.21	
		4-1-D$_{fs}^1$-5	50.12×101.32	40.21	14 264.87		0.22	
4-1 煤	煤	4-1-M-1	50.14×102.21	26.75	4 729.66		0.30	
		4-1-M-2	50.18×101.22	32.67	5 569.25		0.29	
		4-1-M-3	50.24×100.24	19.66	2 539.70	4 415.54	0.33	0.31
		4-1-M-4	50.15×101.32	26.56	4 839.50		0.30	
		4-1-M-5	50.11×100.30	22.36	4 399.56		0.31	

表3-5（续）

岩层	岩性	试件编号	试件尺寸(直径×高)/mm×mm	破坏荷载/kN	弹性模量/MPa	弹性模量平均值/MPa	泊松比	泊松比平均值
4-1 煤底板	粉砂岩	4-1-X_{fs}-1	50.12×102.14	38.91	14 170.32		0.21	
		4-1-X_{fs}-2	50.12×103.20	42.32	12 970.18		0.20	
		4-1-X_{fs}-3	50.22×101.44	35.47	16 590.23	14 944.24	0.21	0.21
		4-1-X_{fs}-4	50.12×100.54	36.87	14 370.11		0.21	
		4-1-X_{fs}-5	50.14×100.21	39.15	16 620.34		0.22	
4-2 煤顶$_2$	炭质泥岩	4-2-D_{tn}^2-1	50.34×102.18	38.97	9 964.76		0.25	
		4-2-D_{tn}^2-2	50.18×103.21	28.85	7 375.73		0.25	
		4-2-D_{tn}^2-3	50.21×100.14	45.42	11 610.50	9 674.74	0.26	0.25
		4-2-D_{tn}^2-4	50.11×100.32	36.81	9 412.83		0.24	
		4-2-D_{tn}^2-5	50.13×101.05	39.15	10 009.91		0.25	
4-2 煤顶$_1$	粉砂岩	4-2-D_{fs}^1-1	50.32×102.14	27.30	14 512.18		0.22	
		4-2-D_{fs}^1-2	50.18×103.20	38.28	15 114.25		0.20	
		4-2-D_{fs}^1-3	50.23×100.34	36.99	16 452.88	14 562.17	0.21	0.21
		4-2-D_{fs}^1-4	50.11×100.51	29.32	12 545.17		0.22	
		4-2-D_{fs}^1-5	50.34×102.06	32.53	14 186.36		0.20	
4-2 煤	煤	4-2-M-1	50.18×103.25	28.75	5 907.84		0.31	
		4-2-M-2	50.26×100.53	30.67	2 398.13		0.29	
		4-2-M-3	50.11×100.21	33.48	3 847.81	4 497.91	0.31	0.31
		4-2-M-4	50.34×102.23	13.56	3 473.42		0.30	
		4-2-M-5	50.18×100.20	26.36	6 862.33		0.32	
4-2 煤底板	细粒砂岩	4-2-X_{xs}-1	50.26×100.54	181.13	32 928.71		0.27	
		4-2-X_{xs}-2	50.31×100.12	155.22	33 733.32		0.25	
		4-2-X_{xs}-3	50.14×102.14	183.79	31 331.43	32 289.62	0.26	0.26
		4-2-X_{xs}-4	50.18×103.20	148.53	32 126.64		0.27	
		4-2-X_{xs}-5	50.16×100.54	179.46	31 328.00		0.25	
4-3 煤顶$_1$	中粒砂岩	4-3-D_{zs}^1-1	50.03×100.21	181.74	37 823.77		0.25	
		4-3-D_{zs}^1-2	50.21×100.15	209.22	38 829.54		0.24	
		4-3-D_{zs}^1-3	50.05×102.06	134.43	35 827.17	37 024.91	0.26	0.25
		4-3-D_{zs}^1-4	50.15×100.13	148.19	36 821.19		0.24	
		4-3-D_{zs}^1-5	50.13×100.12	138.57	35 822.89		0.25	
4-3 煤	煤	4-3-M-1	50.08×101.25	28.62	5 100.81		0.31	
		4-3-M-2	50.16×100.14	22.37	3 651.13		0.32	
		4-3-M-3	50.12×100.24	18.67	8 115.33	5 750.91	0.31	0.31
		4-3-M-4	50.21×102.32	25.61	7 160.84		0.32	
		4-3-M-5	50.15×100.21	20.36	4 726.42		0.30	

3.3.5　Ⅰ01 采区煤岩层抗剪强度测定

Ⅰ01 采区煤岩层共进行了 14 组 70 个试样的抗剪强度测试。测试前后如图 3-9 所示，抗剪强度测试曲线如图 3-10 所示，测试结果见表 3-6。

（a）加载前　　　　　　　　　　　　（b）加载后

图 3-9　抗剪强度测试前后

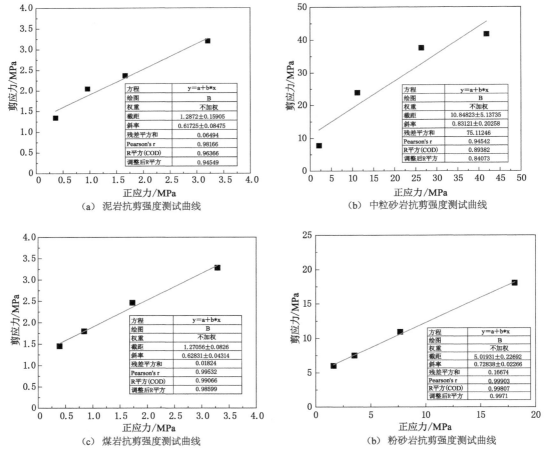

（a）泥岩抗剪强度测试曲线　　　　　　（b）中粒砂岩抗剪强度测试曲线

（c）煤岩抗剪强度测试曲线　　　　　　（b）粉砂岩抗剪强度测试曲线

图 3-10　抗剪强度测试曲线

表 3-6　Ⅰ01 采区煤岩层抗剪强度测定结果

岩层	岩性	试件编号	试件尺寸(直径×高)/mm×mm	剪切面积/mm²	剪切角度/(°)	破坏荷载/kN	最大正应力/MPa	最大剪应力/MPa
3-2 煤顶₂	泥岩	3-2-D_n^2-1	50.08×52.02	2 605.16	45	11.60	3.21	3.20
		3-2-D_n^2-2	50.14×51.08	2 561.15	55	7.56	1.66	2.37
		3-2-D_n^2-3	50.12×50.42	2 527.05	65	5.78	0.96	2.05
		3-2-D_n^2-4	50.17×50.29	2 523.05	75	3.63	0.36	1.34
		内摩擦角=31.70°,黏聚力=1.29 MPa						
3-2 煤顶₁	中粒砂岩	3-2-D_{zs}^1-1	50.2×51.08	2 564.22	45	131.61	36.37	36.34
		3-2-D_{zs}^1-2	50.14×51.05	2 559.65	55	97.56	21.45	30.61
		3-2-D_{zs}^1-3	50.16×52.04	2 610.33	65	58.78	9.74	20.85
		3-2-D_{zs}^1-4	50.11×50.98	2 554.61	75	33.625	3.35	
		内摩擦角=39.71°,黏聚力=10.85 MPa						
3-2 煤	煤	3-2-M-1	50.12×52.13	2 606.50	45	11.9	3.29	3.29
		3-2-M-2	50.09×51.24	2 566.61	55	7.86	1.73	2.47
		3-2-M-3	50.12×51.06	2 557.60	65	5.08	0.84	1.80
		3-2-M-4	50.15×51.24	2 565.07	75	3.93	0.39	1.46
		内摩擦角=32.15°,黏聚力=1.27 MPa						
3-2 煤底	粉砂岩	3-2-X_{fs}-1	50.26×52.04	2 615.53	45	75.8	20.95	20.93
		3-2-X_{fs}-2	50.14×53.08	2 661.43	55	48.78	10.73	15.30
		3-2-X_{fs}-3	50.22×50.42	2 532.09	65	28.39	4.70	10.07
		3-2-X_{fs}-4	50.07×50.06	2 506.50	75	13.81	1.37	5.11
		内摩擦角=37.79°,黏聚力=5.54 MPa						
4-1 煤顶₂	中粒砂岩	4-1-D_{zs}^2-1	50.19×52.02	2 610.88	45	161.56	44.58	44.54
		4-1-D_{zs}^2-2	50.09×53.08	2 658.78	55	135.52	30.40	43.37
		4-1-D_{zs}^2-3	50.08×50.42	2 525.03	65	63.69	10.34	22.14
		4-1-D_{zs}^2-4	50.11×50.22	2 516.52	75	25.63	2.60	9.69
		内摩擦角=40.29°,黏聚力=11.30 MPa						
4-1 煤顶₁	粉砂岩	4-1-D_{fs}^1-1	50.08×52.02	2 605.16	45	65.56	18.09	18.07
		4-1-D_{fs}^1-2	50.14×53.08	2 659.31	55	34.27	7.68	10.96
		4-1-D_{fs}^1-3	50.18×50.22	2 520.04	65	21.67	3.51	7.52
		4-1-D_{fs}^1-4	50.08×50.44	2 526.04	75	15.95	1.62	6.03
		内摩擦角=36.09°,黏聚力=5.02 MPa						
4-1 煤	煤	4-1-M-1	50.12×52.09	2 609.71	45	10.9	3.01	3.00
		4-1-M-2	50.14×51.18	2 566.17	55	8.86	1.99	2.83
		4-1-M-3	50.22×50.12	2 516.02	65	6.21	1.01	2.16
		4-1-M-4	50.11×51.24	2 567.64	75	3.54	0.36	1.34
		内摩擦角=31.70°,黏聚力=1.29 MPa						

表3-6（续）

岩层	岩性	试件编号	试件尺寸（直径×高）/mm×mm	剪切面积/mm²	剪切角度/(°)	破坏荷载/kN	最大正应力/MPa	最大剪应力/MPa
4-1 煤底板	粉砂岩	4-1-X_{fs}-1	50.08×52.02	2 605.16	45	58.31	15.77	15.76
		4-1-X_{fs}-2	50.08×53.08	2 658.25	55	35.05	7.56	10.78
		4-1-X_{fs}-3	50.18×51.32	2 575.24	65	18.25	3.06	6.56
		4-1-X_{fs}-4	50.08×50.42	2 525.03	75	10.99	1.13	4.21
		内摩擦角＝37.69°,黏聚力＝4.01 MPa						
4-2 煤顶₂	炭质泥岩	4-2-D_{tn}^2-1	50.30×52.06	2 618.62	45	12.61	3.41	3.40
		4-2-D_{tn}^2-2	50.14×53.09	2 661.93	55	9.36	2.02	2.88
		4-2-D_{tn}^2-3	50.17×50.02	2 509.50	65	6.87	1.16	2.48
		4-2-D_{tn}^2-4	50.07×50.22	2 514.52	75	3.56	0.37	1.37
		内摩擦角＝32.06°,黏聚力＝1.44 MPa						
4-2 煤顶₁	粉砂岩	4-2-D_{fs}^1-1	50.28×52.02	2 615.57	45	70.45	19.05	19.04
		4-2-D_{fs}^1-2	50.14×53.08	2 661.43	55	39.05	8.42	12.01
		4-2-D_{fs}^1-3	50.19×50.22	2 520.54	65	23.46	3.94	8.43
		4-2-D_{fs}^1-4	50.07×50.39	2 523.03	75	5.67	0.58	2.17
		内摩擦角＝40.45°,黏聚力＝3.60 MPa						
4-2 煤	煤	4-2-M-1	50.14×53.13	2 663.94	13.9	13.9	3.69	3.69
		4-2-M-2	50.22×50.41	2 531.59	7.93	7.93	1.80	2.57
		4-2-M-3	50.07×50.09	2 508.01	7.21	7.21	1.22	2.60
		4-2-M-4	50.35×52.11	2 621.13	4.23	4.23	0.42	1.56
		内摩擦角＝30.98°,黏聚力＝1.54 MPa						
4-2 煤底板	细粒砂岩	4-2-X_{xs}-1	50.22×50.42	2 532.09	45	140.35	39.21	39.18
		4-2-X_{xs}-2	50.27×50.08	2 517.52	55	105.12	23.97	34.19
		4-2-X_{xs}-3	50.15×52.02	2 606.20	65	65.85	10.69	22.89
		4-2-X_{xs}-4	50.14×53.08	2 661.43	75	20.45	1.99	7.42
		内摩擦角＝39.37°,黏聚力＝10.37 MPa						
4-3 煤顶₁	中粒砂岩	4-3-D_{zs}^1-1	49.99×50.09	2 504.00	45	170.35	48.12	48.09
		4-3-D_{zs}^1-2	50.17×50.03	2 510.01	55	125.52	28.70	40.95
		4-3-D_{zs}^1-3	50.01×51.94	2 597.52	65	78.25	12.75	27.30
		4-3-D_{zs}^1-4	50.11×50.01	2 506.00	75	11.83	1.22	4.56
		内摩擦角＝41.51°,黏聚力＝10.15 MPa						
4-3 煤	煤	4-3-M-1	50.04×51.13	2 558.55	45	10.9	3.01	3.01
		4-3-M-2	50.12×50.02	2 507.00	55	6.45	1.48	2.11
		4-3-M-3	50.08×50.12	2 510.01	65	4.91	0.83	1.77
		4-3-M-4	50.17×52.04	2 610.85	75	4.03	0.40	1.49
		内摩擦角＝29.99°,黏聚力＝1.27 MPa						

3.3.6　Ⅰ01 采区煤岩层力学参数修正

巷道围岩物理力学参数是进行巷道岩体力学分析、数值模拟计算以及锚杆支护设计的基本参数,进行围岩物理力学性质评估的主要任务是获取合理、可靠且能够真正用于指导工程实践的围岩物理力学参数。然而由于现场测试往往限制因素很多,在进行岩体工程数值模拟计算分析时,往往是以室内测试的岩块力学参数作为计算分析的基础,得出的模拟结果与工程实际有较大误差。因此针对Ⅰ01 采区的实际情况,采用经验折减法对上述力学参数进行折减,可以得出较为合理的岩体力学参数。

弹性模量修正公式:

$$E' = 0.50 \cdot \left[1 - \cos\left(\frac{P \cdot \pi}{100}\right)\right] \cdot E \tag{3-6}$$

单轴抗压强度修正公式:

$$\sigma'_c = 0.28 \cdot \left[1 - \cos\left(\frac{P \cdot \pi}{100}\right)\right] \cdot \sigma_c \tag{3-7}$$

单轴抗拉强度修正公式:

$$\sigma'_t = 0.50 \cdot \left[1 - \cos\left(\frac{P \cdot \pi}{100}\right)\right] \cdot \sigma_t \tag{3-8}$$

黏聚力修正公式:

$$C' = 0.50 \cdot \left[1 - \cos\left(\frac{P \cdot \pi}{100}\right)\right] \cdot C \tag{3-9}$$

式中　　P / E、C、σ_c、σ_t——岩石的岩体质量的综合评分值、弹性模量、黏聚力、单轴抗压强度和抗拉强度;

　　　　E'、C'、σ'_c、σ'_t——岩体的弹性模量、黏聚力、单轴抗压强度和抗拉强度。

对于岩体的泊松比和内摩擦角,由于其对数值模拟分析以及巷道支护设计的结果影响不是很大,并且它们基本不受到岩体质量的影响,因此不考虑对其进行修正。

4　Ⅰ01 采区 3-2 煤层上行开采可行性理论分析

4.1　国内上行开采典型案例分析

4.1.1　羊场湾煤矿上行开采

羊场湾煤矿位于宁夏回族自治区银川市灵武市宁东镇境内的碎石井勘探区中部。井田自上而下分为 3 个煤组,其中 1 煤、2 煤为上组煤,6 煤至 12 煤为中组煤,14 煤、15 煤为下组煤,矿井现主采 1 煤、2 煤的上组煤。1 煤在井田内赋存稳定,大部分为可采煤层,主要可采区域分布在 11 采区、12 采区和 16 采区,埋藏深度为 30～750 m,煤层厚度为 0～2.76 m,平均厚度为 1.42 m,属薄及中厚煤层。统计 11 采区、12 采区 1 煤可采储量已达到 1 250 万 t,具有较大的经济价值。2 煤煤层厚度为 3.04～14.04 m,平均厚度为 8.11 m,属于全区可采煤层,整体为厚煤层,是当前矿井最主要的可采煤层。1 煤与其下部 2 煤的间距为 5.46～35.37 m,平均值为 20.54 m。

1 层煤直接顶为粗粒砂岩,厚度为 13.9～35.91 m,该砂岩为直罗组砂岩含水层组,单向抗压强度为 3.3～8.7 MPa。岩石强度低,煤层送巷或开采过程直接揭露煤层顶板含水砂岩,容易造成顶板冒落,或大量含水层水泄入工作面,粗粒砂岩遇水后极易泥化,采掘工作面顶板管理困难,开采过程中安全隐患较大。矿井原规划采用正常的下行开采方式开采上组煤,即先采上部的 1 煤,后采下部的 2 煤,但是在前期对 1 煤的试采过程中,顶板淋水较大,底板粉砂岩遇水泥化,且巷道变形量大,工作面无法正常开展采掘作业,因此矿井在初步确定上行开采的方针后暂时搁置了 1 煤开采,首先转为开采下部的 2 煤,在 2 煤开采过程中,通过提前探放水疏放,解决 1 煤水患问题,并通过 1 煤、2 煤的合理采掘规划,减少 2 煤开采对上部 1 煤的破坏。

12 采区 2 煤采用 5.5 m 大采高回采,已回采结束 10 年以上,通过在 2 煤采空区内掘进探巷探明,2 煤顶板及 1 煤顶板已胶结稳定,经过进一步的安全开采可行性论证认为 1 煤具备开采条件,为充分回收 1 煤煤炭资源、合理配采、延长矿井寿命、提高矿井技术经济效益,准备对 12 采区 1 煤资源开展上行开采研究。

针对上述问题,天地科技股份有限公司采用理论分析、数值模拟、相似模拟和现场测试的方法对该问题进行了研究,得到如下结论:① 2 煤大采高工作面采高取 5.5 m,工作面垮采比为 2.2,裂采比为 17.8。② 在 120101 工作面回采前采用综合物探与钻孔窥视等方法对工作面底板裂隙发育情况进行了探测分析,表明 1 煤底板整体仍具有一定的完整性,破碎底板重新压实再胶结情况较好。并结合工作面"一通三防"和防治水安全评估结论可知 120101 工作面具备良好的安全回采环境,具有安全开采条件。

目前,120101 工作面三班实现割煤 17 刀,最大日生产能力突破 10 000 t,年生产能力可达 2.0 Mt 以上;工作面开采期间矿压显现缓和,顶板、煤壁、底板等围岩均安全可控,巷道超前段围岩稳定性良好,顶板无淋水,工作面安全回采环境良好,实现了安全高效开采。并通过上行开采解决了顶板淋水、自然发火、巷道大变形等灾害问题。工作面工业性试验获得成功。

4.1.2 平顶山四矿上行开采

平顶山四矿已$_{15}$23060 工作面为简单向斜构造,在向斜东翼施工机巷时揭露落差小于 2 m 的断层 4 条,向斜轴和断层附近均受到构造应力的影响,煤层顶板压力较大,岩石容易破碎。但煤层赋存较稳定,煤层走向为 70°～130°,倾角为 7°～12°,一般为 8°。已$_{15}$ 煤层厚度为 1.3～1.7 m,平均厚度为 1.5 m,伪顶不发育,直接顶为灰色层状砂质泥岩,夹一薄层细砂岩,上部夹有煤线,厚度为 3～8 m;底板为深灰色炭质泥岩,含植物化石,遇水极易膨胀,属于松软底板,厚度为 2 m 左右。下伏已$_{16-17}$ 煤层,厚度为 3.5～4.2 m,直接顶为灰色砂质泥岩,含菱铁矿结核和植物化石,顶板较破碎,随采随落,厚度为 4～12 m;底板为砂质泥岩,已$_{15}$、已$_{16-17}$ 煤层间距为 6～14 m,煤层顶、底板综合柱状图如图 4-1 所示。

层厚/m	累计厚度/m	柱状	岩性描述
3.5	3.5		灰色砂质泥岩,夹细砂岩条带,上部夹有煤线
1.5	5		已$_{15}$煤
2	7		灰色炭质泥岩,雨水膨胀
10	17		灰色砂质泥岩,含菱铁矿结核和植物化石
4	21		已$_{16}$煤、已$_{17}$煤

图 4-1　煤层综合柱状图

针对已$_{15}$、已$_{16-17}$ 煤层间距及层间岩性特点,按上行开采理论是难以进行上行开采的。为了验证已$_{15}$ 煤层能否进行上行开采,在布置工作面时,将工作面下段布置在采空区上方,上段布置在实体煤内,机巷位于距已$_{16-17}$ 实体煤 20 m 的采空区上方。这样布置,一方面能探清采空区上方已$_{15}$ 煤层的破坏状况,另一方面可以从机巷向实体煤作探巷,探清采空区与实体煤交界处的已$_{15}$ 煤层是否有台阶错动。

从施工揭露情况来看,采空区上方已$_{15}$ 煤层起伏变化不大,煤厚稳定,受采空区影响弯曲下沉变形破坏不明显,采空区交界处出现台阶错动,错距为 400～600 mm。已$_{15}$23060 工作面采用走向长壁采煤法,采用全部垮落法管理顶板。

该工作面已回采结束。从回采情况来看,位于采空区之上的工作面压力小,基本顶周期来压不明显,推进速度快、产量高;位于实体煤之上的工作面压力大,基本顶周期来压明显;在采空区与实体煤交界处工作面有台阶错动,揭露最大错距为 700 mm,对回采影响不大。

近距离薄煤层上行低位综合机械化开采已在四矿已$_{15}$23060 工作面开展试验,利用低位液压支架成功回采了采空区之上厚度 1.5 m 左右的已$_{15}$ 煤层,并取得了较好的效益,最高月产 6.5 万 t。近距离薄煤层上行低位综合机械化开采的试验成功,为近距离煤层采空区上方布置巷道和工作面提供了实践经验,是对上行开采理论的补充和完善,实现了上行开采的理论突破和实践创新。

4.2　双马一矿Ⅰ01采区3-2煤层上行开采的主要影响因素

近距离煤层群上行开采的原则为下组煤开采对上组煤影响较小。下组煤回采后,上组煤会出现一定程度下沉,这种情况无法避免,倘若煤层仍可保持一定连续性与完整性,则可以采用上行开采,因此上、下煤层的层间距,下部煤层的采高,采煤方法和采空区顶板管理方法,岩性及层间结构,煤层倾角,开采时间间隔等为判断煤层能否上行开采的主要因素。

(1)层间距

层间距是进行上行开采的重要条件,这一点已在众多上行开采的实践与研究中得到了证明。上、下煤层的层间距越大或两煤层之间的法向垂距与层位处于下部的煤层采高的比值 h/M 越大,上部煤层的位移变形越缓和,下沉量越小,对上行开采越有利。相反,层间距或 h 与 M 的比值越小,上煤层变形或破坏越剧烈,甚至出现台阶下沉等不利因素。处于下部的煤层采动后顶板发生冒落破坏及台阶下沉是上行开采最不利的因素。当两煤层的层间距大于下部煤层开采后形成的冒落带及裂隙带甚至弯曲下沉带发育的高度上限时,理论上就完全可以采用上行开采;处于冒落带,则不可以采用上行开采;处于冒落带之上裂隙带之内,只要上部煤层发生台阶下沉的高度不大于煤层厚度的1/3时,也可以采用上行开采。

通过对Ⅰ01采区钻孔柱状图统计分析可知4-1煤层与3-2煤层间距为16.28～33.1 m,平均值为22.22 m。

(2)下煤层采高

采高对上覆岩层的破坏程度和高度来说是决定性因素。采高越大,采出空间就越大,采场的上覆岩层破坏就越严重。许多煤矿已具有在下部煤层采高不大于4 m情况下成功进行上行开采的经验,而且济宁三号煤矿已成功进行下部煤层采高为6.0 m(综采放顶煤开采)时的上行开采。

根据钻孔统计,双马一矿3-2煤层下煤层4-1煤层的厚度最大值为5.52 m,最小值为1.21 m,平均值为3.80 m,对3-2煤层上煤层上行开采安全性的威胁较小。

(3)采煤方法和顶板管理方法

采煤方法对覆岩的破坏情况也起到重要作用,不同的顶板管理方法,覆岩的破坏空间的形态与高度也不同。采用全部垮落法对顶板进行管理时,采场的上覆岩层通常都会形成"三带"。而采用充填法进行顶板管理时,通常只会引起覆岩开裂,其顶板的下沉量比采用全部垮落法时的小。

井田内4-1煤层采用综合机械化采煤方法,采用全部垮落法管理顶板。

(4)岩石力学性质及层间结构

岩石力学性质及层间结构影响覆岩破坏的高度。当顶板岩石硬度较大时,冒落带和裂缝带发育较高,在冒落过程中,覆岩下沉量较小,采空区较高,冒落过程充分,岩层主要以断块充填采空区。当顶板岩石强度较低时,冒落带及裂缝带发育较低,在冒落过程中,覆岩下沉量较大,采空区高度不断减小,冒落过程发展不充分,主要以岩层弯曲充填采空区。当直接顶的厚度较大时,冒矸充满采空区,其上覆岩层在断裂下沉过程中易形成平衡岩层结构,位于平衡岩层之上的煤层将缓慢下沉,有利于上行开采。

根据钻孔综合柱状图进行分析,在 4-1 煤层的上覆岩层组成的结构中,顶板多数为粉砂岩,次为细粒砂岩及中、粗粒砂岩,厚度为 0.82～14.50 m,天然状态的平均抗压强度为18.55 MPa,天然状态的平均抗拉强度为 1.66 MPa,弹性模量为 14.5 GPa,泊松比为 0.21,属于中硬岩层。该类岩层破断后主要以断块充填采空区,冒矸可以充满采空区,覆岩在断裂下沉过程中易形成平衡岩层结构,覆岩冒落带和裂隙带发育较高,上部的覆岩缓慢下沉,有利于上行开采。

(5)煤层倾角

煤层倾角主要影响采场上覆岩层破坏的空间形态。缓倾斜煤层,采场顶板岩层冒落后就地堆积。在采空区边界,由于煤柱支撑作用,冒落带及裂隙带发育高度较采空区中部的大。倾斜煤层,随倾角的增大,采场顶板岩层冒落后会随煤层底板向下滚动。煤层倾斜下方的顶板受矸石充填,冒落不充分,而倾斜上方的岩层失去冒矸的支撑,岩层冒落更充分。因此,形成冒落带和裂隙带的不对称,倾斜上方高、下方低。急倾斜煤层,采空区冒矸下滑,上部岩层冒落更充分,冒落带及裂隙带的分布形态明显,更向上部边界发展。同时,煤层底板也可能发生滑脱来充填采空区,如图 4-2 所示。

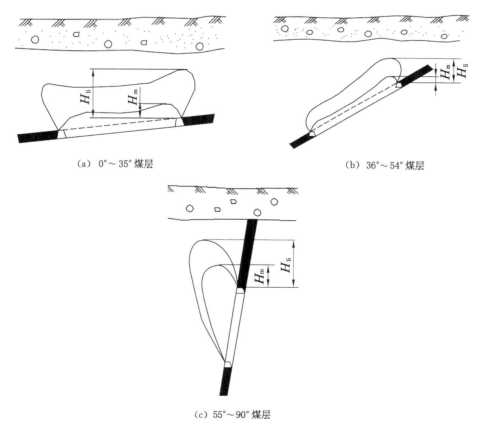

(a) 0°～35° 煤层   (b) 36°～54° 煤层

(c) 55°～90° 煤层

图 4-2 上覆岩层破坏的空间形态

4-1 煤层、4-2 煤层、4-3 煤层的结构简单,属于稳定煤层,是全区主要可采煤层,覆岩垮落破坏的空间形态对应图 4-2(a)。由图 4-2 可知:4 组煤开采完毕,垮落带呈现中间较低、两端较高的枕形轮廓;裂缝带呈马鞍形,最高点位于采空区斜上方。

(6)开采时间间隔

在煤层采出以后,覆岩的垮落、移动直至稳定需要一定的时间。据实测资料可知:当顶岩为坚硬岩层时,裂隙带发育完全直至稳定通常需要 2～4 个月;当覆岩为中硬岩层时,裂隙带发育完全直至稳定通常需要 1～3 个月;当覆岩为软岩时,裂隙带发育完全直至稳定通常需要 1～2 个月。

4-3 煤层上行开采间隔时间应根据本矿井 4-1 煤层开采后顶板垮落和上覆岩(煤)层破坏、移动、变形规律确定,以确保上行开采安全、可靠。

4.3 双马一矿Ⅰ01 采区 3-2 煤层上行开采理论计算

下煤层开采后受采动影响对上煤层造成的破坏和影响程度是判断能否进行上行开采的关键,利用上、下煤层之间的距离以及岩层结构来判断下部煤层开采后对处于上部的待开采煤层的影响,是研究上行开采可行性判断首先要解决的问题。通过近年来我国相关理论研究与生产实践,上行开采公认的理论研究与计算方法主要有"三带"判别法、比值判别法和围岩平衡法。

4.3.1 "三带"判别法

煤层大面积采空后,周围的岩层失去平衡,在重力作用下产生变形和移动,地质条件和采煤技术条件不同,围岩的变形和移动是不同的。当使用长壁式全部垮落采煤方法开采近水平或缓倾斜煤层时,采空区上覆岩层移动稳定后一般形成由下往上的冒落带、裂隙带、弯曲下沉带。

"三带"判别法的基本观点是:

① 当上位煤层位于下位煤层开采引起的冒落带之内时,上位煤层的结构遭到严重破坏,下位煤层先采,之后上位煤层无法开采,如图 4-3 所示。

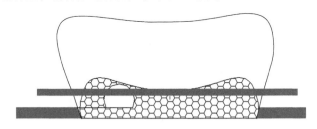

图 4-3　上位煤层位于冒落带之内

② 当上位煤层位于下位煤层开采引起的导水导水裂隙带之内时,上位煤层的结构只发生中等程度破坏,下位煤层开采后,采取一定的技术和安全措施,上位煤层可以开采,如图 4-4 所示。

③ 当上位煤层位于下位煤层开采引起的断裂带之外时,上位煤层只产生整体移动,结构不会破坏,下位煤层开采后,上位煤层可以正常开采,如图 4-5 所示。

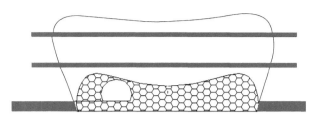

图 4-4　上位煤层位于导水裂隙带之内

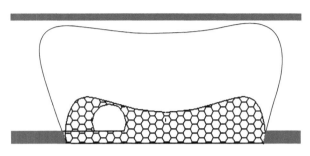

图 4-5　上位煤层位于导水裂隙带之外

根据Ⅰ01 采区地质说明书,双马一矿 4-1 煤层顶板多数为粉砂岩,次为细粒砂岩及中、粗粒砂岩,厚度为 0.82～14.50 m,天然状态的平均抗压强度为 18.55 MPa,天然状态的平均抗拉强度为 1.66 MPa,弹性模量为 14.5 GPa,泊松比为 0.21。故按顶板为中硬岩层考虑,根据式(3-1)、式(3-2)分别计算Ⅰ01 采区 4-1 煤层开采后冒落带、裂缝带的发育高度(表 4-1)。

表 4-1　4-1 煤层开采后按"三带"判别法判别Ⅰ01 采区上行开采 3-2 煤层可行性分析表

序号	孔号	3-2 煤层底板标高/m	4-1 煤层底板标高/m	4-1 煤层厚度 M_2/m	两煤层间距 H/m	最大垮落带高度/m	最大裂隙带高度/m	如果层间距大于最大垮落带高度,则可以上行开采,否则不可以
1	M1301	1 215.47	1 191.17	4.58	19.72	16.87	49.51	可以
2	1907	1 258.52	1 232.726	3.99	21.804	15.85	41.73	可以
3	M1401	1 084.06	1 060.96	3.85	19.25	15.59	40.03	可以
4	M1403	1 166.69	1 140.47	4.11	22.11	16.07	43.23	可以
5	M1404	1 217.06	1 189.88	3.98	23.2	15.83	41.61	可以
6	M1405	1 222.15	1 195.07	3.28	23.8	14.45	33.59	可以
7	M1406	1 211.22	1 181.29	3.78	26.15	15.46	39.20	可以
8	M1407	1 189.93	1 166.98	3.85	19.1	15.59	40.03	可以
9	M1501	940.08	916.52	4.03	19.53	15.92	42.22	可以
10	M1503	1 045.91	1 022.26	4.05	19.6	15.96	42.47	可以
11	M1504	1 123.19	1 098.2	4.18	20.81	16.19	44.12	可以

表4-1（续）

序号	孔号	3-2煤层底板标高/m	4-1煤层底板标高/m	4-1煤层厚度 M_2/m	两煤层间距 H/m	最大垮落带高度/m	最大裂隙带高度/m	如果层间距大于最大垮落带高度，则可以上行开采，否则不可以
12	M1505	1 178.61	1 149.72	3.87	25.02	15.63	40.27	可以
13	M1506	1 183.42	1 151.62	3.88	27.92	15.65	40.39	可以
14	M1507	1 136.72	1 114.82	3.6	18.3	15.11	37.11	可以
15	M1601	877.17	849.65	4.81	22.71	17.23	52.84	可以
16	207	948.258	926.988	3.96	17.31	15.80	41.36	可以
17	M1604	1 060.91	1 032.71	4.1	24.1	16.05	43.10	可以
18	M1605	1 149.63	1 118.48	3.25	27.9	14.38	33.28	可以
19	M1606	1 171.81	1 143.06	4.1	24.65	16.05	43.10	可以
20	205	1 100.356	1 076.479	4.12	19.757	16.08	43.36	可以
21	M1701	891.42	864.82	4.1	22.5	16.05	43.10	可以
22	M1703	910.41	885.61	4.14	20.66	16.12	43.61	可以
23	M1704	1 029.15	998.85	3.9	26.4	15.68	40.63	可以
24	M1705	1 120.79	1 093.43	3.91	23.45	15.70	40.75	可以
25	M1706	1 140.6	1 119.7	4.02	16.88	15.91	42.10	可以
26	M1707	1 060.79	1 023.23	4.46	33.1	16.67	47.84	可以
27	M1801	929.56	901.44	3.15	24.97	14.17	32.23	可以
28	M1803	892.79	866.32	4.15	22.32	16.14	43.74	可以
29	M1804	1 021.98	999.73	3.7	18.55	15.30	38.26	可以
30	M1805	1 110.8	1 085.09	3.78	21.93	15.46	39.20	可以
31	M1806	1 126.33	1 098.38	3.8	24.15	15.50	39.43	可以
32	M1901	983.3	948.74	5.29	29.27	17.94	60.40	可以
33	2207	914.084	893.228	3.79	17.066	15.48	39.31	可以
34	M1904	1 075.16	1 055.11	3.77	16.28	15.44	39.08	可以
35	2 206	1 147.016	1 123.793	4.21	19.013	16.24	44.51	可以
36	M1906	1 110.34	1 078.34	5.3	26.7	17.95	60.57	可以
37	M2003	952.05	930.95	4.35	16.75	16.48	46.35	可以
38	M2004	1 095.5	1 071.15	4.05	20.3	15.96	42.47	可以
39	M2005	1 153.29	1 131.29	2.8	19.2	13.36	28.72	可以
40	M2006	1 071.96	1 038.96	5	28	17.52	55.73	可以
41	M2101	954.64	933.29	3.5	17.85	14.91	35.99	可以
42	M2103	947.2	921.75	4.1	21.35	16.05	43.10	可以
43	M2104	1 072.58	1 042.64	4.74	25.2	17.12	51.80	可以
44	M2105	1 126.73	1 106.33	3.1	17.3	14.06	31.71	可以

表4-1(续)

序号	孔号	3-2煤层底板标高/m	4-1煤层底板标高/m	4-1煤层厚度M_2/m	两煤层间距H/m	最大垮落带高度/m	最大裂隙带高度/m	如果层间距大于最大垮落带高度,则可以上行开采,否则不可以
45	302	938.87	908.66	4.05	26.16	15.96	42.47	可以
46	M2204	1 040.47	1 010.84	4.08	25.55	16.01	42.85	可以
47	301	1 073.975	1 049.15	4.26	20.565	16.33	45.16	可以

根据表4-1的计算结果,4-1煤层垮落带最大高度为13.36~17.52 m;裂隙带高度为32.23~60.57 m。3-2煤层与4-1煤层平均层间距为22.2 m,故3-2煤层处于4-1煤层冒落带之上裂隙带的下部,如图4-6所示。根据前面的研究与开采实践,3-2煤层开采时,顶板只发生中等程度的破坏,可以实现上行开采。

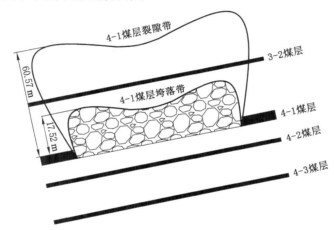

图4-6　4-1煤层开采后"两带"分布规律

根据Ⅰ01采区地质说明书,双马一矿4-2煤层顶板多数为粉砂岩,次为细粒砂岩及中、粗粒砂岩,厚度为0.73~16.75 m;天然状态的平均抗压强度为16.76 MPa,天然状态的平均抗拉强度为1.66 MPa,弹性模量为14.5 GPa,泊松比为0.21。故按顶板为中硬岩层考虑,根据式(3-1)、式(3-2)分别计算Ⅰ01采区4-2煤层开采后冒落带、裂缝带发育高度(表4-2)。

表4-2　4-2煤层开采后按"三带"判别法判别Ⅰ01采区3-2煤层上行开采可行性分析表

序号	孔号	4-1煤层底板标高/m	4-2煤层底板标高/m	4-2煤层厚度M_2/m	两煤层间距H/m	最大垮落带高度/m	最大裂隙带高度/m	最大垮落带高度未超过4-1煤层垮落带最大标高则可以上行开采
1	M1301	1 191.17	1 180.52	1.73	8.92	10.43	19.33	可以

表 4-2（续）

序号	孔号	4-1 煤层底板标高/m	4-2 煤层底板标高/m	4-2 煤层厚度 M_2/m	两煤层间距 H/m	最大垮落带高度/m	最大裂隙带高度/m	最大垮落带高度未超过 4-1 煤层垮落带最大标高则可以上行开采
2	1907	1 232.726	1 224.978	1.34	6.408	9.14	16.33	可以
3	M1304	1 260.48	1 253.23	1.45	5.8	9.52	17.16	可以
4	M1305	1 260.67	1 253.67	1.57	5.43	9.92	18.08	可以
5	M1306	1 352.44	1 349.87	1.63	0.94	10.11	18.54	可以
6	1905	1 246.671	1 237.302	1.5	7.869	9.69	17.54	可以
7	M1401	1 060.96	1 048.21	1.38	11.37	9.28	16.63	可以
8	M1403	1 140.47	1 132.25	1.45	6.77	9.52	17.16	可以
9	M1404	1 189.88	1 182.71	1.5	5.67	9.69	17.54	可以
10	M1405	1 195.07	1 187.02	1.373	6.677	9.25	16.58	可以
11	M1406	1 181.29	1 175.42	1.45	4.42	9.52	17.16	可以
12	M1407	1 166.98	1 160.03	1.6	5.35	10.02	18.31	可以
13	M1501	916.52	897.95	0.36	18.21	5.12	9.59	可以
14	M1503	1 022.26	1 008.61	1.5	12.15	9.69	17.54	可以
15	M1504	1 098.2	1 090.67	1.71	5.82	10.37	19.17	可以
16	M1505	1 149.72	1 140.35	1.41	7.96	9.38	16.86	可以
17	M1506	1 151.62	1 145.52	1.57	4.53	9.92	18.08	可以
18	M1507	1 114.82	1 107.87	1.7	5.25	10.34	19.10	可以
19	M1601	849.65	835.73	1.46	12.46	9.55	17.23	可以
20	207	926.988	915.736	1.51	9.742	9.72	17.62	可以
21	M1604	1 032.71	1 024.11	1.4	7.2	9.35	16.78	可以
22	M1605	1 118.48	1 108.9	1.68	7.9	10.28	18.94	可以
23	M1606	1 143.06	1 136.31	1.7	5.05	10.34	19.10	可以
24	205	1 076.479	1 069.229	2.83	4.42	13.44	29.02	可以
25	M1701	864.82	850.24	1.68	12.9	10.28	18.94	可以
26	M1703	885.61	872.09	1.55	11.97	9.85	17.92	可以
27	M1704	998.85	980.75	1.35	16.75	9.17	16.41	可以
28	M1705	1 093.43	1 086.43	1.46	5.54	9.55	17.23	可以
29	M1706	1 119.7	1 111.35	1.47	6.88	9.59	17.31	可以
30	M1707	1 023.23	1 014.45	2.06	6.72	11.43	22.04	可以
31	M1801	901.44	889.89	1.35	10.2	9.17	16.41	可以
32	M1803	866.32	855.37	1.3	9.65	9.00	16.04	可以
33	M1804	999.73	990.63	1.45	7.65	9.52	17.16	可以
34	M1805	1 085.09	1 075.62	1.6	7.87	10.02	18.31	可以

表 4-2(续)

序号	孔号	4-1 煤层底板标高/m	4-2 煤层底板标高/m	4-2 煤层厚度 M_2/m	两煤层间距 H/m	最大垮落带高度/m	最大裂隙带高度/m	最大垮落带高度未超过 4-1 煤层垮落带最大标高则可以上行开采
35	M1806	1 098.38	1 090.33	1.65	6.4	10.18	18.70	可以
36	M1901	948.74	933.12	2.08	13.54	11.48	22.21	可以
37	2207	893.228	882.301	1.36	9.567	9.21	16.48	可以
38	M1904	1 055.11	1 045.63	1.48	8	9.62	17.39	可以
39	2206	1 123.793	1 115.778	1.39	6.625	9.31	16.71	可以
40	M1906	1 078.34	1 066.64	1.49	10.21	9.65	17.46	可以
41	M2001	944.44	932.39	1.65	10.4	10.18	18.70	可以
42	M2003	930.95	919.3	1.55	10.1	9.85	17.92	可以
43	M2004	1 071.15	1 062.05	1.6	7.5	10.02	18.31	可以
44	M2005	1 131.29	1 123.04	1.85	6.4	10.80	20.30	可以
45	M2006	1 038.96	1 030.06	1.52	7.38	9.75	17.69	可以
46	M2101	933.29	916.99	1.95	14.35	11.10	21.12	可以
47	M2103	921.75	910.47	1.48	9.8	9.62	17.39	可以
48	M2104	1 042.64	1 033.98	1.43	7.23	9.45	17.01	可以
49	M2105	1 106.33	1 098.98	1.6	5.75	10.02	18.31	可以
50	302	908.66	896.11	1.44	11.11	9.48	17.08	可以
51	M2204	1 010.84	1 004.02	1.4	5.42	9.35	16.78	可以
52	301	1 049.15	1 042.023	1.49	5.637	9.65	17.46	可以

根据表 4-2 的计算结果,4-2 煤层垮落带最大高度为 5.2~13.44 m;裂隙带高度为 9.59~29.02 m。4-2 煤层与 4-1 煤层的间距为 10.24 m,由于 4-2 煤层和 4-1 煤层"两带"重叠,其最大垮落带高度未超过 4-1 煤层垮落带的最大标高,如图 4-7 所示。因此,3-2 煤层开采时,顶板只发生中

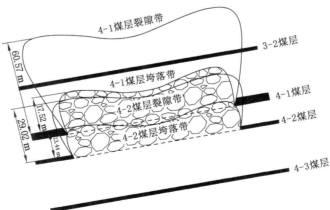

图 4-7 4-2 煤层开采后"两带"分布规律

根据Ⅰ01采区地质说明书,双马一矿4-3煤层顶板多数为粉砂岩,次为泥岩及细粒砂岩,厚度为0.86~19.68 m,天然状态的平均抗压强度为42.77 MPa,天然状态的平均抗拉强度为2.14 MPa,弹性模量为37 GPa,泊松比为0.25。故按顶板为中硬岩层考虑,根据式(3-1)、式(3-2)分别计算Ⅰ01采区4-3煤层开采后冒落带、裂缝带的发育高度(表4-3)。

表4-3 4-3煤层开采后按"三带"判别法判别Ⅰ01采区3-2煤层上行开采可行性分析表

序号	孔号	4-2煤层底板标高/m	4-3煤层底板标高/m	4-3煤层厚度 M_2/m	两煤层间距 H/m	最大垮落带高度/m	最大裂隙带高度/m	最大垮落带高度未超过4-1煤层垮落带最大标高则可以上行开采
1	M1301	1 180.52	1 169.49	0.57	10.46	6.09	10.95	可以
2	1907	1 224.978	1 205.012	1.62	18.35	10.08	18.47	可以
3	M1304	1 253.23	1 243.38	0.25	9.60	4.59	8.90	可以
4	M1305	1 253.67	1 241.82	0.35	11.50	5.07	9.53	可以
5	1905	1 237.30	1 215.60	1.9	19.80	10.96	20.71	可以
6	M1401	1 048.21	1 036.64	0.4	11.17	5.31	9.85	可以
7	M1403	1 132.25	1 118.95	0.27	13.03	4.69	9.03	可以
8	M1404	1 182.71	1 173.01	0.5	9.20	5.78	10.49	可以
9	M1406	1 175.42	1 162.27	0.5	12.65	5.78	10.49	可以
10	M1407	1 160.03	1 146.88	0.4	12.75	5.31	9.85	可以
11	M1501	897.95	885.77	0.65	11.53	6.44	11.48	可以
12	M1503	1 008.61	997.21	0.35	11.05	5.07	9.53	可以
13	M1504	1 090.67	1 079.87	0.38	10.42	5.22	9.72	可以
14	M1505	1 140.35	1 128.46	0.45	11.44	5.55	10.17	可以
15	M1506	1 145.52	1 134.03	0.4	11.09	5.31	9.85	可以
16	M1601	835.73	822.86	0.43	12.44	5.45	10.04	可以
17	207	915.74	898.013	1.53	16.19	9.79	17.77	可以
18	M1604	1 024.11	1 013.76	0.2	10.15	4.34	8.59	可以
19	M1605	1 108.9	1 098.98	0.35	9.57	5.07	9.53	可以
20	M1606	1 136.31	1 127.21	0.5	8.60	5.78	10.49	可以
21	205	1 069.23	1 049.63	1.44	18.16	9.48	17.08	可以
22	M1701	850.24	836.62	0.65	12.97	6.44	11.48	可以
23	M1703	872.09	859.14	0.26	12.69	4.64	8.96	可以
24	M1704	980.75	978.85	0.6	1.30	6.22	11.15	可以

表 4-3（续）

序号	孔号	4-2 煤层底板标高/m	4-3 煤层底板标高/m	4-3 煤层厚度 M_2/m	两煤层间距 H/m	最大垮落带高度/m	最大裂隙带高度/m	最大垮落带高度未超过 4-1 煤层垮落带最大标高则可以上行开采
25	M1705	1 086.43	1 075.38	0.26	10.79	4.64	8.96	可以
26	M1706	1 111.35	1 099.42	0.25	11.68	4.59	8.90	可以
27	M1707	1 014.45	1 002.62	0.68	11.15	6.57	11.68	可以
28	M1801	889.89	881.39	0.3	8.20	4.83	9.21	可以
29	M1803	855.37	841.66	0.25	13.46	4.59	8.90	可以
30	M1804	990.63	980.48	0.4	9.75	5.31	9.85	可以
31	M1805	1 075.62	1 065.13	0.26	10.23	4.64	8.96	可以
32	M1806	1 090.33	1 080.48	0.5	9.35	5.78	10.49	可以
33	M1901	933.12	920.58	0.36	12.18	5.12	9.59	可以
34	2207	882.301	863.57	1.64	17.09	10.15	18.62	可以
35	M1904	1 045.63	1 034.46	0.4	10.77	5.31	9.85	可以
36	2206	1 115.78	1 096.219	1.64	17.92	10.15	18.62	可以
37	M1906	1 066.64	1 041.52	1.91	23.21	10.99	20.79	可以
38	M2003	919.30	895.2	0.9	23.20	7.49	13.17	可以
39	M2004	1 062.05	1 037.4	0.4	24.25	5.31	9.85	可以
40	M2005	1 123.04	1 099.74	1.6	21.70	10.02	18.31	可以
41	M2006	1 030.06	1 002.81	2.17	25.08	11.74	22.97	可以
42	M2101	916.99	897.84	1.85	17.30	10.80	20.30	可以
43	M2103	910.47	891	1.85	17.62	10.80	20.30	可以
44	M2104	1 033.98	1 014.41	1.49	18.08	9.65	17.46	可以
45	M2105	1 098.98	1 074.08	1.25	23.65	8.82	15.67	可以
46	302	896.11	877.35	1.46	17.30	9.55	17.23	可以

根据表 4-3 的计算结果，4-3 煤层垮落带最大高度为 4.59～11.74 m；裂隙带高度为 8.9～22.97 m。4-3 煤层与 4-2 煤层的间距为 23.12 m，因此 4-3 煤层垮落带小于其层间距，其裂隙带和 4-1 煤层、4-2 煤层裂隙带重叠，如图 4-8 所示。因此，3-2 煤层开采时，顶板只发生中等程度的破坏，可以实现上行开采。

4.3.2 比值判别法

根据实践经验，国内外关于上行开采一般常把采动影响倍数 K 的大小作为能否实现上

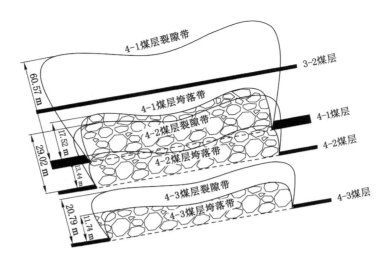

图 4-8 4-3 煤层开采后"两带"分布规律

行开采的依据。上、下煤层之间的层间距和下位煤层采高的比值 K 的计算见图 4-9。

$$K = \frac{H}{M_2} \tag{4-1}$$

式中 H——上、下煤层间距,m;

M_2——下煤层采高,m。

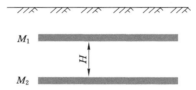

图 4-9 两层煤层上行顺序开采的比值判别示意图

针对双马一矿 Ⅰ01 采区区域内 3-2 煤层与 4-1 煤层存在重叠关系的钻孔进行了统计计算,3-2 煤层与 4-1 煤层的煤层间距及采动影响倍数统计结果见表 4-4。

表 4-4 双马一矿 Ⅰ01 采区采动影响倍数 K

序号	孔号	3-2 煤层底板标高/m	4-1 煤层底板标高/m	4-1 煤层厚度 M_2/m	两煤层间距 H/m	K
1	M1301	1 215.47	1 191.17	4.58	19.72	4.30
2	1907	1 258.52	1 232.73	3.99	21.80	5.46
3	M1401	1 084.06	1 060.96	3.85	19.25	5.00
4	M1403	1 166.69	1 140.47	4.11	22.11	5.38
5	M1404	1 217.06	1 189.88	3.98	23.20	5.83
6	M1405	1 222.15	1 195.07	3.28	23.80	7.26
7	M1406	1 211.22	1 181.29	3.78	26.15	6.92
8	M1407	1 189.93	1 166.98	3.85	19.10	4.96

表4-4（续）

序号	孔号	3-2煤层底板标高/m	4-1煤层底板标高/m	4-1煤层厚度 M_2/m	两煤层间距 H/m	K
9	M1501	940.08	916.52	4.03	19.53	4.845
10	M1503	1 045.91	1 022.26	4.05	19.6	4.84
11	M1504	1 123.19	1 098.2	4.18	20.81	4.98
12	M1505	1 178.61	1 149.72	3.87	25.02	6.47
13	M1506	1 183.42	1 151.62	3.88	27.92	7.20
14	M1507	1 136.72	1 114.82	3.6	18.3	5.08
15	M1601	877.17	849.65	4.81	22.71	4.72
16	207	948.26	926.988	3.96	17.31	4.37
17	M1604	1 060.91	1 032.71	4.1	24.1	5.88
18	M1605	1 149.63	1 118.48	3.25	27.9	8.58
19	M1606	1 171.81	1 143.06	4.1	24.65	6.01
20	205	1 100.36	1 076.479	4.12	19.76	4.80
21	M1701	891.42	864.82	4.1	22.5	5.49
22	M1703	910.41	885.61	4.14	20.66	4.99
23	M1704	1 029.15	998.85	3.9	26.4	6.77
24	M1705	1 120.79	1 093.43	3.91	23.45	6.00
25	M1706	1 140.6	1 119.7	4.02	16.88	4.20
26	M1707	1 060.79	1 023.23	4.46	33.1	7.42
27	M1801	929.56	901.44	3.15	24.97	7.93
28	M1803	892.79	866.32	4.15	22.32	5.38
29	M1804	1 021.98	999.73	3.7	18.55	5.01
30	M1805	1 110.8	1 085.09	3.78	21.93	5.80
31	M1806	1 126.33	1 098.38	3.8	24.15	6.36
32	M1901	983.3	948.74	5.29	29.27	5.53
33	2207	914.084	893.23	3.79	17.07	4.50
34	M1904	1 075.16	1 055.11	3.77	16.28	4.32
35	2206	1 147.02	1 123.80	4.21	19.01	4.52
36	M1906	1 110.34	1 078.34	5.3	26.7	5.04
37	M2003	952.05	930.95	4.35	16.75	3.85
38	M2004	1 095.5	1 071.15	4.05	20.3	5.01
39	M2005	1 153.29	1 131.29	2.8	19.2	6.86
40	M2006	1 071.96	1 038.96	5	28	5.6
41	M2101	954.64	933.29	3.5	17.85	5.1
42	M2103	947.2	921.75	4.1	21.35	5.21
43	M2104	1 072.58	1 042.64	4.74	25.2	5.32
44	M2105	1 126.73	1 106.33	3.1	17.3	5.58

表4-4(续)

序号	孔号	3-2 煤层底板标高/m	4-1 煤层底板标高/m	4-1 煤层厚度 M_2/m	两煤层间距 H/m	K
45	302	938.87	908.66	4.05	26.16	6.46
46	M2204	1 040.47	1 010.84	4.08	25.55	6.26
47	301	1 073.975	1 049.15	4.26	20.565	4.83

我国采用垮落上行顺序开采的生产实践和研究证明:当 $K>7.5$ 时,先采下位 M_2 煤层后,在上位 M_1 煤层中可以进行正常采掘活动,而根据国外的经验,当 $K>6.0$ 时,上位煤层可以正常开采。

根据前面的层间距分析,4-1 煤层的平均厚度为 3.8 m,3-2 煤层与 4-1 煤层的平均层间距为 19.6 m。据此计算,平均比值 $K=5.2<7.5$。根据国内比值判别法,层间距不满足上行开采要求。

需要指出的是,由于我国煤矿煤层与地质条件千差万别,任何理论研究与计算都不可能适用于所有煤矿,都存在一定的局限性与针对性。许多矿井的生产实践表明:一些传统的理论与研究已不适应煤矿现代化的生产需要,有的已经突破了现有的研究成果,煤矿的安全生产研究存在一定的滞后性,需要在生产实践中不断完善,逐步深化研究并指导生产实践。在层间距较小的情况下(如小于 20 m),如果采动影响倍数、岩性、煤层倾角等满足一定的条件,仍然有可能成功进行上行开采。我国煤矿在层间距较小条件下上行开采的成功实例如表 4-3 所示。羊场湾煤矿与平顶山四矿上行开采的实践表明:厚煤层也可以实现上行开采,虽然采用比值法计算得到的采动影响倍数 K 值为 2.8,不满足国内传统比值法的要求,且上层煤即使处于裂隙带的中下部接近冒落带,围岩只发生中等破坏,上层煤没有造成比较大的台阶下沉破坏,采取一定的技术措施后仍然可以实现上行开采。平顶山四矿的煤层地质条件,甚至任何理论与计算都不适合上行开采,层间距仅为 12 m,比值法计算 K 值仅为 3.0,但是生产实践表明上行开采是可行的,而且产生了很好的经济效益与社会效益。

双马一矿的 3-2 煤层与 4-2 煤层条件与羊场湾煤矿非常类似,比平顶山四矿的条件好得多,上述两矿的生产实践证明双马一矿 3-2 煤层上行开采也是可行的。

4.3.3 围岩平衡法

上行开采破坏了采场上覆岩层的原始应力平衡状态,导致岩体应力重新分布。当重新分布后的应力超过了煤(岩)极限强度时,就会引起上覆岩(煤)层的横向及纵向的变形与破坏。上覆岩(煤)层的横向及纵向离层变形产生大量采动裂隙,破坏煤层,但随着时间的延长,采动影响逐渐消失,采动裂隙重新压实。而纵向剪切变形表现为煤(岩)层发生台阶错动,破坏煤层整体性,后者是影响上行开采的最大障碍。控制煤(岩)层纵向台阶错动,就是采场围岩力系平衡问题。

采场上覆岩体在竖直方向上可以分为垮落带(Ⅲ)、裂隙带(Ⅱ)和弯曲下沉带(Ⅰ)。从围岩平衡的观点,可以分为非平衡带(垮落带)、部分平衡带(相当于裂隙带的下位岩层)和平衡带(相当于裂隙带下位岩层之上的岩层)。沿工作面推进方向可分为煤壁支撑区(A)、离层区(B)、重新压实区(C),如图 4-10 所示。

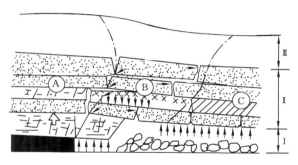

图 4-10　采场上覆岩体分区

裂隙带的上位岩层形成以煤壁及上覆岩层-矸石为支撑体系的岩层结构。一般岩层自身可形成不发生台阶错动的平衡岩层结构。

裂隙带的下位岩层形成以煤壁-支架-矸石为支撑体系的岩层结构。这种岩层结构在支架参与下可获得平衡。

在煤层回采过程中,顶板能够形成平衡岩层结构而且不发生台阶错动的岩层,称为平衡岩层。从下层顶板至平衡岩层顶面的高度称为围岩平衡高度。

采用围岩平衡法判别上行开采的准则:当采场上覆岩层中有坚硬岩层时,上煤层应位于距下煤层最近的平衡岩层之上。当采场上覆岩层均为软岩层时,上煤层应位于围岩裂隙带内。上行开采必要的层间距 H 按下式估算:

$$H > \frac{M}{K-1} + h \qquad (4\text{-}2)$$

式中　M——下煤层采厚,m;

　　　K——岩层的碎胀系数,取 1.3。

　　　h——平衡岩层厚度,根据煤(岩)层柱状图确定。

结合双马一矿Ⅰ01采区的钻孔柱状图,双马一矿开采的4-1煤层之上均有大于采高的坚硬岩层。该岩层在采煤引起的岩层移动中能起到平衡作用,可阻止上覆岩(煤)层发生台阶错动,平衡岩层自身厚度 h 取平均值 7.2 m。按围岩平衡法分别判别Ⅰ01采区 3-2 煤层的上行开采可行性,分析结果见表 4-5。分析结果表明Ⅰ01采区 3-2 煤层和 4-1 煤层之间的层间距均大于围岩平衡法要求的上行开采必要的层间距。故按围岩平衡法分析,井田内Ⅰ01采区 3-2 煤层上部煤组上行开采是可行的。

表 4-5　按围岩平衡法判别Ⅰ01采区 3-2 煤层上行开采可行性分析表

序号	孔号	3-2煤层底板标高/m	4-1煤层底板标高/m	4-1煤层厚度 M_2/m	两煤层间距 H/m	上行开采必要的层间距 H/m	如果实际层间距大于必要的层间距,则可以上行开采,否则不可以
1	M1301	1 215.47	1 191.17	4.58	19.72	16.36	可以
2	1907	1 258.52	1 232.73	3.99	21.80	15.18	可以
3	M1401	1 084.06	1 060.96	3.85	19.25	14.9	可以
4	M1403	1 166.69	1 140.47	4.11	22.11	15.42	可以

表4-5（续）

序号	孔号	3-2煤层底板标高/m	4-1煤层底板标高/m	4-1煤层厚度 M_2/m	两煤层间距 H/m	上行开采必要的层间距 H/m	如果实际层间距大于必要的层间距，则可以上行开采，否则不可以
5	M1404	1 217.06	1 189.88	3.98	23.2	15.16	可以
6	M1405	1 222.15	1 195.07	3.28	23.8	13.76	可以
7	M1406	1 211.22	1 181.29	3.78	26.15	14.76	可以
8	M1407	1 189.93	1 166.98	3.85	19.1	14.9	可以
9	M1501	940.08	916.52	4.03	19.53	15.26	可以
10	M1503	1 045.91	1 022.26	4.05	19.6	15.3	可以
11	M1504	1 123.19	1 098.20	4.18	20.81	15.56	可以
12	M1505	1 178.61	1 149.72	3.87	25.02	14.94	可以
13	M1506	1 183.42	1 151.62	3.88	27.92	14.96	可以
14	M1507	1 136.72	1 114.82	3.6	18.3	14.4	可以
15	M1601	877.17	849.65	4.81	22.71	16.82	可以
16	207	948.26	926.99	3.96	17.31	15.12	可以
17	M1604	1 060.91	1 032.71	4.1	24.1	15.4	可以
18	M1605	1 149.63	1 118.48	3.25	27.9	13.7	可以
19	M1606	1 171.81	1 143.06	4.1	24.65	15.4	可以
20	205	1 100.36	1 076.48	4.12	19.76	15.44	可以
21	M1701	891.42	864.82	4.1	22.5	15.4	可以
22	M1703	910.41	885.61	4.14	20.66	15.48	可以
23	M1704	1 029.15	998.85	3.9	26.4	15	可以
24	M1705	1 120.79	1 093.43	3.91	23.45	15.02	可以
25	M1706	1 140.60	1 119.70	4.02	16.88	15.24	可以
26	M1707	1 060.79	1 023.23	4.46	33.1	16.12	可以
27	M1801	929.56	901.44	3.45	24.97	13.5	可以
28	M1803	892.79	866.32	4.15	22.32	15.5	可以
29	M1804	1 021.98	999.73	3.7	18.55	14.6	可以
30	M1805	1 110.80	1 085.09	3.78	21.93	14.76	可以
31	M1806	1 126.33	1 098.38	3.8	24.15	14.8	可以
32	M1901	983.30	948.74	5.29	29.27	17.78	可以
33	2207	914.08	893.23	3.79	17.07	14.78	可以
34	M1904	1 075.16	1 055.11	3.77	16.28	14.74	可以
35	2206	1 147.02	1 123.79	4.21	19.01	15.62	可以
36	M1906	1 110.34	1 078.34	5.3	26.7	17.8	可以
37	M2003	952.05	930.95	4.35	16.75	15.9	可以
38	M2004	1 095.50	1 071.15	4.05	20.3	15.3	可以

表4-5(续)

序号	孔号	3-2 煤层底板标高/m	4-1 煤层底板标高/m	4-1 煤层厚度 M_2/m	两煤层间距 H/m	上行开采必要的层间距 H/m	如果实际层间距大于必要的层间距,则可以上行开采,否则不可以
39	M2005	1 153.29	1 131.29	2.8	19.2	12.8	可以
40	M2006	1 071.96	1 038.96	5	28	17.2	可以
41	M2101	954.64	933.29	3.5	17.85	14.2	可以
42	M2103	947.20	921.75	4.1	21.35	15.4	可以
43	M2104	1 072.58	1 042.64	4.74	25.2	16.68	可以
44	M2105	1 126.73	1 106.33	3.1	17.3	13.4	可以
45	302	938.87	908.66	4.05	26.16	15.3	可以
46	M2204	1 040.47	1 010.84	4.08	25.55	15.36	可以
47	301	1 073.98	1 049.15	4.26	20.57	15.72	可以

根据前面采用"三带"判别法的分析与计算,该平衡高度位于裂隙带的中下部,处于上层煤 3-2 煤层底板之下,说明 3-2 煤层围岩不会发生大的变形与破坏,煤层只会发生整体下沉或局部有台阶下沉,但下沉值不会超过煤层厚度的 1/3。具体下沉量将会在数值模拟部分进行研究。所以上行开采是可行的。

4.3.4　根据顶板损伤破坏范围确定上行开采可行性

下保护层的开采会改变上部被保护层原有的整体力学环境,下部煤层不同的开采条件对其围岩所产生的破坏和变形不同。下面以长壁开采全部垮落法处理顶板开采方法为例,分析下部煤层开采对其围岩的破坏损伤范围。对于长壁开采工作面,开采高度远小于工作面倾向长度,工作面推进后,采空区在推进方向的横断面近似呈矩形,因此可以将采场抽象成如图 4-11 所示的力学模型,设开采宽度 $L = 2a$,工作面所受竖直方向的荷载为 γH(H 为工作面的平均埋深,m;γ 为工作面上覆岩层的平均重度,kN/m³)。根据广义胡克定律,假设岩体为各向同性的弹性体,得到水平方向的应力荷载为 $\lambda \gamma H$(λ 为水平应力系数,$\lambda = \mu/(1-\mu)$,μ 为围岩的泊松比)。根据弹性理论,在图 4-11 所示坐标系下,可求得采场附近的应力分布为:

$$\sigma_x = \gamma H \sqrt{\frac{L}{2r}} \cos \frac{\theta}{2} \left(1 - \sin \frac{\theta}{2} \sin \frac{3\theta}{2}\right) - (1-\lambda)\gamma H \tag{4-3}$$

$$\sigma_y = \gamma H \sqrt{\frac{L}{2r}} \cos \frac{\theta}{2} \left(1 + \sin \frac{\theta}{2} \sin \frac{3\theta}{2}\right) \tag{4-4}$$

$$\tau_{xy} = \gamma H \sqrt{\frac{L}{2r}} \cos \frac{\theta}{2} \sin \frac{\theta}{2} \cos \frac{3\theta}{2} \tag{4-5}$$

在图 4-12 所示极坐标系下,在确定点 (r,θ) 处,采场的工作面周围的应力随采场开采宽度的增大而增大,在应力集中区的应力集中系数就越大。在实际计算过程中,由于 $r \ll L$,且 λ 一般取 1,故可以忽略式(4-3)中右边第二项对 σ_x 的影响,因此可将采场边缘应力用主应力表示如下。

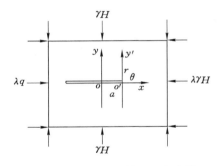

图 4-11 采场围岩计算平面应力模型

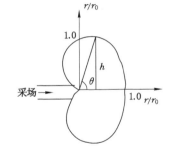

图 4-12 采场边缘岩体屈服破坏区域

平面应力状态：

$$\sigma_1 = \frac{\gamma H}{2}\sqrt{\frac{L}{r}}\cos\frac{\theta}{2}\left(1+\sin\frac{\theta}{2}\right) \tag{4-6}$$

$$\sigma_2 = \frac{\gamma H}{2}\sqrt{\frac{L}{r}}\cos\frac{\theta}{2}\left(1-\sin\frac{\theta}{2}\right) \tag{4-7}$$

$$\sigma_3 = 0 \tag{4-8}$$

平面应变状态：

$$\sigma_1 = \frac{\gamma H}{2}\sqrt{\frac{L}{r}}\cos\frac{\theta}{2}\left(1+\sin\frac{\theta}{2}\right) \tag{4-9}$$

$$\sigma_2 = \frac{\gamma H}{2}\sqrt{\frac{L}{r}}\cos\frac{\theta}{2}\left(1-\sin\frac{\theta}{2}\right) \tag{4-10}$$

$$\sigma_3 = \mu\gamma H\sqrt{\frac{L}{r}}\cos\frac{\theta}{2} \tag{4-11}$$

假定围岩屈服破坏服从莫尔-库仑准则，即

$$\sigma_1 - k\sigma_3 = R_{\mathrm{rmc}} \tag{4-12}$$

式中，$k = \dfrac{1+\sin\varphi}{1-\sin\varphi}$，$\varphi$ 为岩体的内摩擦角。

将式(4-6)至式(4-8)代入式(4-12)可得到在平面应力状态条件下采场边缘破坏范围边界的方程式：

$$r = \frac{\gamma^2 H^2 L}{4R_{\mathrm{rmc}}^2}\cos^2\frac{\theta}{2}\left(1+\sin\frac{\theta}{2}\right)^2 \tag{4-13}$$

当 $\theta = 0$ 时，由式(4-13)可求得采场边缘沿水平方向的屈服破坏区长度 r_0：

$$r_0 = \frac{\gamma^2 H^2 L}{4R_{\mathrm{rmc}}^2} \tag{4-14}$$

根据式(4-14)可以得到开采煤层边缘受到采动应力集中影响而造成的覆岩破坏深度 h：

$$h = \frac{\gamma^2 H^2 L}{4R_{\mathrm{rmc}}^2}\cos^2\frac{\theta}{2}\left(1+\sin\frac{\theta}{2}\right)^2\sin\theta \tag{4-15}$$

因此在平面应力状态下顶板岩体的最大破坏深度 $h_{\max}$ 为式(4-15)所能取得的最大值。

$$h = \frac{\gamma^2 H^2 L}{4R_{\mathrm{rmc}}^2} \cos^2 \frac{\theta}{2} \left(1 + \sin \frac{\theta}{2}\right)^2 \sin \theta = \frac{\gamma^2 H^2 L}{4R_{\mathrm{rmc}}^2} \cdot 2\sin \frac{\theta}{2} \cos^3 \frac{\theta}{2} \left(1 + \sin \frac{\theta}{2}\right)^2$$

$$(4\text{-}16)$$

由式(4-16)可以看出：当 $\sin \dfrac{\theta}{2} \cos^3 \dfrac{\theta}{2} \left(1+\sin \dfrac{\theta}{2}\right)^2$ 取最大值时，h 即为最大值，故令：

$$M = \sin \frac{\theta}{2} \cos^3 \frac{\theta}{2} \left(1+\sin \frac{\theta}{2}\right)^2$$

则：

$$h_{\max} = \frac{\gamma^2 H^2 L}{2R_{\mathrm{rmc}}^2} M_{\max} \tag{4-17}$$

令 $M' = 0$，故 $6\sin^2\varphi - 2\sin\varphi - 1 = 0$，故 $\sin\varphi = \dfrac{1 \pm \sqrt{7}}{6}$，此时，$M = M_{\max}$，$h = h_{\max}$，将 $\sin\varphi = \dfrac{1 \pm \sqrt{7}}{6}$ 代入得到：

$$h_{\max} = \frac{1.57\gamma^2 H^2 L}{4R_{\mathrm{rmc}}^2} \tag{4-18}$$

该最大值出现在 $\theta = 74.84°$ 时，即图中沿 x 轴逆时针旋转取得。由式(4-18)可以看出：采场边缘覆岩的最大破坏深度与顶板岩体单轴抗压强度的平方成反比，且与工作面开采宽度和岩体所受竖直原岩应力的平方成正比。

由式(4-18)可得到覆岩最大破坏深度到工作面端部的距离：

$$L_{\mathrm{P}} = h_{\max} \cdot \cot\theta = \frac{0.425\gamma^2 H^2 L}{4R_{\mathrm{rmc}}^2} \tag{4-19}$$

将式(4-9)代入式(4-11)可得到在平面应变状态条件下采场围岩破坏区的边界方程式：

$$r' = \frac{\gamma^2 H^2 L}{4R_{\mathrm{rmc}}^2} \cos^2 \frac{\theta}{2} \left(1 + \sin \frac{\theta}{2} - 2\xi \cdot \mu\right)^2 \tag{4-20}$$

因此平面应变状态下开采煤层顶板上方的最大破坏深度 h'_0 为：

$$h'_0 = r'\sin\theta = \frac{\gamma^2 H^2 L}{4R_{\mathrm{rmc}}^2} \cos^2 \frac{\theta}{2} \left(1 + \sin \frac{\theta}{2} - 2\xi \cdot \mu\right)^2 \sin\theta \tag{4-21}$$

将式(4-21)对 θ 求导得：

$$\frac{\mathrm{d}h'_0}{\mathrm{d}\theta} = \frac{\gamma^2 H^2 L \cos^2 \dfrac{\theta}{2} \left[-2 + 4\xi\mu + (4 - 8\xi\mu)\cos\theta - 3\sin \dfrac{\theta}{2} + 3\sin \dfrac{3\theta}{2}\right]}{8R_{\mathrm{rmc}}^2} = 0 \tag{4-22}$$

由式(4-22)可得到有效解：

$$\theta = -2\arccos\left(-2\sqrt{\xi\mu - \xi\mu^2}\right) \tag{4-23}$$

由式(4-22)和式(4-23)可得到平面应变状态下开采煤层顶板的最大破坏深度：

$$h'_{\max} = \frac{\gamma^2 H^2 L}{4R_{\mathrm{rmc}}^2} \cos^2 \left[-\arccos\left(-2\sqrt{\xi \cdot \mu - \xi \cdot \mu^2}\right)\right] \left\{1 - \sin\left[\arccos\left(-2\sqrt{\xi \cdot \mu - \xi \cdot \mu^2}\right)\right] - 2\xi \cdot \mu\right\}^2 \cdot$$

$$\sin\left[-2\arccos\left(-2\sqrt{\xi \cdot \mu - \xi \cdot \mu^2}\right)\right] \tag{4-24}$$

以上均是在忽略屈服破坏区岩体塑性流动的情况下得到的计算结果，如果考虑塑性流动，破坏范围还会增大，通过比较平面应力状态下得出的采场破坏区范围和平面应变状态下得到的结果,前者要大于后者,故实际工程计算中用采动应力状态下得出的结论来确定顶板的破坏高度。

考虑到节理裂隙的影响,式(4-18)可改写为:

$$h_\xi = \frac{1.57\gamma^2 H^2 L}{4\zeta^2 R_c^2} \qquad (4-25)$$

式中 R_c——岩体抗压强度,考虑尺度效应,可取实验室岩石单轴抗压强度的 15%;

ζ——岩体节理裂隙影响系数。

以上分析推导只考虑了采空区横向尺度,把采空区竖向尺度(包括煤层采高 T 等)考虑在内,得到考虑采空区竖向尺度的采场顶板最大损伤高度:

$$h_\xi = \frac{1.57\gamma^2 \left[H - T - \dfrac{T-W}{(K-1)\cos\alpha} \right]^2 L}{4\zeta^2 R_c^2} + \frac{T-W}{(K-1)\cos\alpha} \qquad (4-26)$$

故其距工作面端部的水平距离 L 为:

$$L = h_\xi \cdot \cot\theta = \frac{0.425\gamma^2 \left[H - T - \dfrac{T-W}{(K-1)\cos\alpha} \right]^2 L}{4R_c^2} + \frac{0.27(T-W)}{(K-1)\cos\alpha} \qquad (4-27)$$

式中,α 为煤层倾角,取 12°;W 为顶板下沉值,取 1.8 m;K 为碎胀系数,取 1.3;H 取 500 m;L 取 200 m;ζ 取 0.9。

代入数据得:

$$h_\xi = 15.9 \text{ m}$$

综上所述,通过顶板损伤破坏高度计算,先采 4-1 煤层作为保护层,后采 3-2 煤层的上行开采方案是可行的。

4.4 本章小结

(1) 4 煤组由于地质构造和地壳运动,只在局部区域可采。而 3-2 煤层具有比较稳定的赋存条件,在整个井田范围内都可以开采。

(3) 层间距是评估上行开采可行性的重要指标,揭示了影响上行开采的 6 个主要因素及其影响程度,得出 3-2 煤层上行开采的必要性。

(4) 为了提高围岩的稳定性,在煤层群上行开采过程中应控制上、下煤层先后开采的时间间隔。3-2 煤层设计开采时间间隔在 5 年以上,故可以安全实行上行开采。

(5) 针对双马一矿 4-3 煤层、4-2 煤层、4-1 煤层和 3-2 煤层上行顺序开采方式的方案可行性问题,结合 3-2 煤层工程地质情况,通过"三带"判别法、比值判别法、围岩平衡法和上行开采时间间隔的方法,分别得出 3-2 煤层上行开采方案可行的结论。

5 Ⅰ01 采区 3-2 煤层上行开采相似模拟试验

5.1 试验目的

相似模拟试验可以直观地揭示岩层移动和变形失稳规律,是研究矿山压力显现规律的重要方法。为了研究双马一矿Ⅰ01采区4煤组开采后"两带"发育高度,相似模拟试验有助于掌握此条件下的顶板岩层移动、变形破坏和失稳垮落规律,进而为3-2煤层上行开采可行性论证提供依据。

5.2 相似模拟试验原理

相似模拟试验是以相似理论、因次分析作为依据的实验室研究方法,是一种方便快捷、清楚直观的室内研究科研手段。它通过采用与天然岩石物理力学性质相似的人工材料,安装矿山实际原型,遵循一定比例缩小做成模型,然后在模型中开挖巷道或模拟采场工作,观察模型的变形、位移、压力和破坏等情况,据以推测实际原型中所发生的情况。相似理论连接实体试验和岩土理论力学,作为桥梁通向客观实际。要使室内试验结果与客观实际接近,必须满足相似三定理:

相似第一定理:相似的现象,其单值条件相似,相似准则的数值相同。

相似第一定理认为相似现象之间必有如下性质:(1)相似的现象必然在几何相似的系统中进行,而且在系统中所有相应点上,表示现象特性的各同类量之间的比值为常数,即相似常数相等。(2)相似的现象服从自然界同一种规律,所以表示现象特性的各个量之间被某种规律所约束,它们之间存在一定的关系。如果将这些关系表示为数学关系式,则在相似的现象中这个关系式是相同的。也可以这样认为,自然界中的现象总是服从某一定律的,表示现象特性的各个量之间总存在着一定的关系,利用相似的概念来表述相似现象中这些量之间所存在的一定关系,即相似第一定理的内容。

第二定理:若描述某现象的方程为

$$f(a_1, a_2, \cdots, a_k, b_{k+1}, b_{k+2}, \cdots, b_n) = 0 \tag{5-1}$$

式中,$a_1, a_2, \cdots, a_k$ 表示基础量;$b_{k+1}, b_{k+2}, \cdots, b_n$ 表示导出量,这些量具有一定的因次,且 $n > k$。因为任何物理方程中的各个量纲均是齐次的,则式(5-1)可以转换为无因次的准则方程:

$$F(\pi_1, \pi_2, \cdots, \pi_{n-k}) = 0 \tag{5-2}$$

其准则数量为 $n-k$ 个。式(5-2)称为准则关系或 π 关系式,所以第二定理又称为 π 定理。

相似第二定理表明:(1)利用一个现象的全部相似准则,可以表达该现象各参数之间的函数关系,或者说,凡是描述系统特性的方程,都可以转换为无量纲的准则方程。(2)相似准则有 $n-k$ 项,每项准则式相互独立,其中任一项均不能表达为其他 π 项的线性组合。(3)在模型试验中,用现象的诸相似准则的关系来整理试验结果,可方便地将试验结果推广到与之相似的原型中去,在相似系统间进行推理和推广。

第三定理:当两现象的单值条件相似且由单值条件所组成的相似准则的数值相等时,则这两个现象就是相似的。

相似第三定理明确地规定了两个现象相似的必要的和充分的条件。考查一个新现象时,只要肯定了它的单值条件和已研究过的现象相似,而且由单值条件所组成的相似准则的数值和已经研究过的现象相等,就可以肯定这两个现象相似,因而可以把已经研究过的现象的试验结果应用到这个新现象中,而不需要重复进行试验。

在工程实践中,要使模型和原型完全满足相似第三定理的要求是相当困难的。要使模型中所发生的情况能如实反映原型中所发生的情况,就必须根据问题的性质找出主要矛盾,并根据主要矛盾确定原型与模型之间的相似关系和相似准则,原型和模型相似必须具备以下几个条件。

(1)几何相似

要求模型与原型的几何形状相似。为此,必须将原型的尺寸,包括长、宽、高等,都按一定的比例缩小或放大。设以 L_H 和 L_M 分别代表原型和模型长度,脚标 H 表示原型,脚标 M 表示模型,α_L 代表 L_H 和 L_M 的比值,称为几何相似比,则几何相似要求为 α_L 常数,即

$$\alpha_L = \frac{L_H}{L_M} \tag{5-3}$$

(2)运动相似

要求模型与原型中所有对应点的运动情况相似,即要求各对应点的速度、加速度、运动时间等都成一定比例。设以 t_H 和 t_M 分别表示原型和模型中对应点完成沿几何相似的轨迹所需的时间,以 α_t 代表 t_H 和 t_M 的比值,称为时间相似比,则运动相似要求为 α_t 常数,即

$$\alpha_t = \frac{t_H}{t_M} = \sqrt{\alpha_L} \tag{5-4}$$

(3)动力相似

要求模型与原型的所有作用力都相似。在本试验中,按抓主要矛盾的观点进行分析,主要是考虑重力作用,要求重力相似,原型与模型之间的容重比 α_γ 为常数,即

$$\alpha_\gamma = \frac{\gamma_H}{\gamma_M} \tag{5-5}$$

式中,α_γ 为重度相似比;γ_H,γ_M 分别为原型和模型的重度。

由上述三个相似比,根据各对应量所组成的物理方程式,可推得位移、应力、应变等其他相似比。

$$\alpha_\sigma = \frac{\sigma_H}{\sigma_M} = \frac{C_H}{C_M} = \frac{E_H}{E_M} = \frac{\gamma_H}{\gamma_M}\alpha_L \tag{5-6}$$

$$\varphi_H = \varphi_M \tag{5-7}$$

$$\mu_H = \mu_M \tag{5-8}$$

式中 α_σ——应力比尺；

   σ_H, σ_M——原型和模型的应力；

   C_H, C_M——原型和模型的黏聚力；

   E_H, E_M——原型和模型的弹性模量；

   φ_H, φ_M——原型和模型的内摩擦角；

   μ_H, μ_M——原型和模型的泊松比。

5.3 相似模拟试验模型设计

5.3.1 原型条件与数据

为了模拟双马一矿 I01 采区 4 煤组开采后"两带"发育高度,试验需要的原型数据包括各地层的岩性、厚度、物理力学性质参数,以及工作面长度、推进速度等技术参数。

（1）地层的岩性、厚度

地层的岩性、厚度由工作面所在区域的钻孔柱状图确定,如图 3-2 所示。

（2）物理力学性质指标

设计模型材料强度需要确定各煤岩层的力学参数指标。用于模型材料强度计算的力学参数指标有别于煤岩力学试验数值,一方面因为试验取样不能穷尽所有煤岩层,需要将整个地层按相邻且岩性相近的各分层整合为 10～20 个煤岩层；另一方面试验数据仅代表岩块的性质,不能代表岩体的实际力学性质,因此,需要综合分析试验数据和地层岩性结构特点确定设计用力学性质指标,见表 5-1。

（3）工作面长度、推进速度等技术参数

4 煤组研究对象为 I0104₁05 工作面、I0104₂04 工作面、I0104₃04 工作面,工作面长度为 250 m,工作面推进速度约为 10 m/d。

5.3.2 相似比的选取

本次相似模拟试验架尺寸为长×宽×高＝3 000 mm×200 mm×1 700 mm。依据双马一矿实体原型尺寸和试验架条件,设几何相似比 $\alpha_L=100$,容重相似比 $\alpha_\gamma=1.67$,同时要求模型与实体所有对应点的运动情况相似,计算得到时间相似比 $\alpha_t=10$,应力相似比 $\alpha_\sigma=166.67$。相似模拟试验模型如图 5-1 所示。

表 5-1 岩层分布及物理力学参数表

岩性	厚度/m	黏聚力/$\times 10^{-3}$ MPa	内摩擦角/(°)	弹性模量/GPa	泊松比	密度/(kg/m³)	抗压强度/$\times 10^{-3}$ MPa	抗拉强度/$\times 10^{-4}$ MPa
粗粒砂岩		2.75	41.51	10.02	0.25	2 800	12.50	5.79
粉砂岩	6.8	1.08	37.69	4.04	0.21	2 450	3.59	4.22
泥岩	4	0.35	31.70	1.63	0.29	2 550	1.57	2.14
粉砂岩	5.7	1.08	37.69	4.04	0.21	2 450	3.59	4.22

表5-1(续)

岩性	厚度 /m	黏聚力 /×10⁻³MPa	内摩擦角 /(°)	弹性模量 /GPa	泊松比	密度 /(kg/m³)	抗压强度 /×10⁻³MPa	抗拉强度 /×10⁻⁴MPa
3-2煤	1.6	0.34	32.15	1.25	0.25	1 350	1.97	1.35
泥岩	4	0.35	31.70	1.63	0.29	2 550	1.57	2.14
粗粒砂岩	8.6	2.75	41.51	10.02	0.25	2 800	12.50	5.79
粉砂岩	9	1.08	37.69	4.04	0.21	2 450	3.59	4.22
4-1煤	4	0.34	32.15	1.25	0.25	1 350	1.97	1.35
泥岩	6.6	0.35	31.70	1.63	0.29	2 550	1.57	2.14
4-2煤	1.6	0.34	32.15	1.25	0.25	1 350	1.97	1.35
泥岩	9.3	0.35	31.70	1.63	0.29	2 550	1.57	2.14
粉砂岩	2.2	1.08	37.69	4.04	0.21	2 450	3.59	4.22
泥岩	4.6	0.35	31.70	1.63	0.29	2 550	1.57	2.14
4-3煤	1.6	0.34	32.15	1.25	0.25	1 350	1.97	1.35
粉砂岩	6	1.08	37.69	4.04	0.21	2 450	3.59	4.22
细粒砂岩	4	2.80	39.37	8.74	0.26	2 780	13.00	5.25
粉砂岩	10	1.08	37.69	4.04	0.21	2 450	3.59	4.22

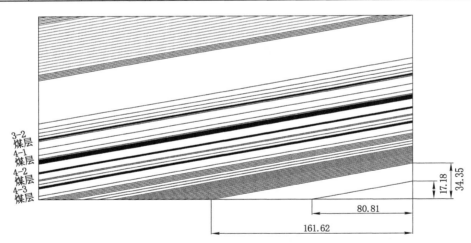

图 5-1　相似模拟试验模型(单位:m)

5.3.3　相似材料配合比

　　本试验选取砂子作为骨料,辅料选用石灰、石膏、水泥、硼砂。砂子、石灰、石膏、水泥和硼砂按照比例加水后混合形成具有相似强度的岩层,砂子、石灰、石膏和硼砂按照一定比例加水后混合形成具有相似强度的煤层。分层材料用6~10目的云母粉。其他辅助材料还包括槽钢,用于模型表面加固。石灰和石膏作为胶结材料,由于石膏凝结硬化快,当作胶结材料时,需要加缓凝剂,试验选用柠檬酸作为缓凝剂。

　　根据以上要求,在材料选定以后便可以进行相似材料配合比工作,结合表 5-1 中实测地质资料整理得到的煤层顶、底板各岩层物理力学性质数据,并考虑整个矿井煤岩层条件及关键层特点,对岩层厚度进行调整与组合。为了得到准确的相似材料配合比,在进行相似材料模拟试验之前,首先将预选的材料配合比做成材料试件,通过测岩样的力学性质参数,根据模型的比例尺、材料的重度比确定试验的相似配合比。

5.3.4　模型制作及测线布置

将试验台两侧挡板安装好,并预先在指定位置画好刻度线。称量各种原料的质量,并将各种材料用搅拌机器搅拌均匀。将搅拌好的混合料送进模型架,然后抹平、用夯锤压实,直至这些混合料压实到试验设计高度为止。因为模拟的是一层又一层的岩石,所以一层铺设完毕再铺设下一层,层中间用片状云母模拟节理,每次铺设混合料的厚度不可以小于 1 cm,不可以大于 3 cm,厚度太小不容易压实,厚度太大容易使模型上实下松,最好的铺设高度为 2 cm。按照上面说的顺序一直将岩层铺设到指定的高度为止。将压力传感器按照事先设计位置在制造模型过程中安放至 3-2 煤底板。模型制造完毕,自然风干和定型两天,拆卸两侧钢板,安设位移测点,并且养护 7 d 左右,即可按预定方案实施开采计划。

待模型干燥后,在模型外表面布置位移测点。试验中使用由西安交通大学信息机电研究所研制的三维光学摄影测量系统(XJTUDP)对表面质点位移进行监测。布设测点时应思考试验目的和模型的实际情况,本次试验考虑模型架较小,同时为了能够完整记录模型整体的垮落破坏及运动过程,在模型表面用记号笔刻画边长为 10 cm 的正方形网格(15 行、28 列),共有 420 个位移监测点,基本布满整个模型,在正方形顶点钉白色圆纸片以方便三维光学摄影测量系统(XJTUDP)的辨识。相似模型及测线布置如图 5-2 和表 5-2 所示。

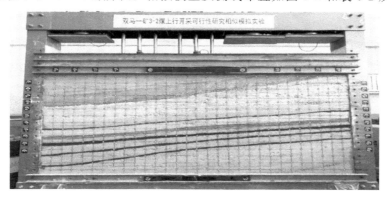

图 5-2　相似模型及测线布置

表 5-2　测线布置位置

测线编号	测点编号(从左至右)	距 4-3 煤层的距离/cm	距 4-2 煤层的距离/cm	距 4-1 煤层的距离/cm
a	a1～a29	4		
b	b1～b29		4	
c	c1～c29			7
d	d1～d29			12
e	e1～e29			35

5.3.5 模拟开采

（1）模拟开采顺序

模型共开采 3 个采面,4-1 层煤的 $\text{I}0104_105$ 工作面、4-2 煤层的 $\text{I}0104_204$ 工作面以及 4-3 煤层的 $\text{I}0104_304$ 工作面,开采顺序为 $\text{I}0104_105 \rightarrow \text{I}0104_204 \rightarrow \text{I}0104_304$。首先开采 4-1 煤层的 $\text{I}0104_105$ 工作面,接着开采 4-2 煤层的 $\text{I}0104_204$ 工作面,最后开采 4-3 煤层的 $\text{I}0104_304$ 工作面,这样就使得上覆岩层充分垮落和移动,实现真正意义的采空区下采煤模拟试验,从而研究该三层煤开采相互影响下的"两带"发育高度。

（2）模拟开采速度

如前所述,根据运动相似要求,工作面推进速度相似比为 10。实际回采速度按 10 m/d 计算,模型回采速度为 1 cm/h。模型开采执行 3 班作业,一个小时回采一次,每次推进 1 cm。3 个工作面各需 7.5 d,合计共需 22.5 d。

压力观测设备采用 SZZX-Ea10 振弦式压力盒、TST3822 型智能数字静态电阻应变仪、泰瑞金星自动记录软件系统。由计算机自动控制,每隔 1 s 记录 1 次数据。在 3-2 煤层底板共埋设 13 个压力传感器,间距为 20 cm,编号分别为 1# ~13#,如图 5-3 所示。

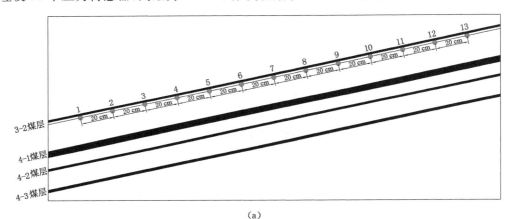

（a）

（b）

图 5-3　压力盒布置及应变测试分析系统

5.3.6　试验结果与分析

（1）开采 4-1 煤层上覆岩层垮落规律

在相似材料物理模型试验过程中，开采 4-1 煤层工作面。距模型左端 60 m 处进行第一次开挖，开采 10 m 形成开切眼，开切眼形成后，工作面由左侧开切眼起向右持续推进，在工作面推至 0~30 m 时，直接顶因自身强度处于悬空状态未发生破断垮落。当工作面推至 39 m 时，覆岩因达到极限跨距，直接顶出现大面积冒落，发生初次垮落，如图 5-4 所示。

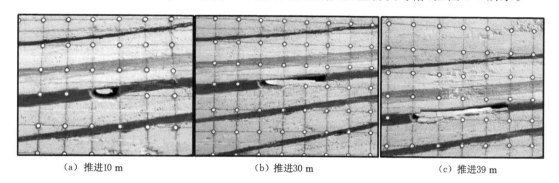

（a）推进10 m　　　　　　　　（b）推进30 m　　　　　　　　（c）推进39 m

图 5-4　4-1 煤层开采直接顶垮落过程模拟

相似试验模型工作面推进过程中，工作面上覆岩层的失稳垮落形成垮落带、断裂带和弯曲带的过程及不同推进距离时不同层位覆岩的垮落特征如图 5-5 所示。

随着工作面的继续推进，直接顶板初次垮落后，随着工作面的继续推进，覆岩破坏向上发育。当工作面推进至 58 m 时［图 5-5（a）］，采动波及上覆岩层，导致其再次失稳垮落，采空区后方覆岩破断角为 60°，采空区前方覆岩破断角为 50°，且采空区前、后方的覆岩破断回转方向相反，冒落高度为 10.4 m，初次垮落步距为 58 m。随着 4-1 煤层工作面继续向前推进，4-1 煤层顶板裂隙逐渐向上发育，当工作面推进至 70 m 时［图 5-5（b）］，4-1 煤层直接顶又一次冒落，直接顶垮落步距为 12 m。当工作面推进至 98 m 时［图 5-5（c）］，4-1 煤层中基本顶完全冒落，形成基本顶第二次冒落，第一次周期来压步距为 40 m，在 4-1 煤层中出现微裂隙，断裂线随着工作面的推进向前移动，由断裂线 1 转移至断裂线 2，并且断裂线 1 的裂隙趋于闭合，上部的覆岩岩层仍然存在细微离层。当工作面推进至 120 m 时［图 5-5（d）］，4-1 煤层直接顶冒落，直接顶垮落步距为 22 m，未失稳的岩层（粉砂岩）出现细微离层。当工作面推进至 129 m 时［图 5-5（e）］，基本顶再次失稳，形成第二次来压，第二次周期来压步距为 31 m，裂隙沿竖直方向进一步向上覆岩层扩展形成新的离层，前期形成的离层裂隙由于失稳岩层碎涨而逐渐闭合。断裂线随着工作面的推进向前移动，由断裂线 2 转移至断裂线 3，并且断裂线 2 的裂隙趋于闭合。当 4-1 煤层工作面推进至 166 m 时［图 5-5（f）］，4-1 煤层基本顶又一次折断并冒落，形成第三次周期来压，周期来压步距为 37 m，此时 3-2 煤层顶板裂隙沿层理方向进一步扩展。当 4-1 煤层工作面推进至 180 m 时［图 5-5（g）］开采结束，此时靠近开切眼一侧的顶板垮落角为 60°，靠近停采线一侧的顶板垮落角为 47°，最大裂隙带高度为 40.15 m，如图 5-5（h）所示。

由上述试验并结合失稳岩块垮落情况可知：单独开采 4-1 煤层时，其最大垮落带高度为

10.4 m,最大裂隙带高度为 40.15 m;初次来压步距为 58 m,第一次周期来压步距为 40 m,第二次来压步距为 31 m,第三次来压步距为 37 m。

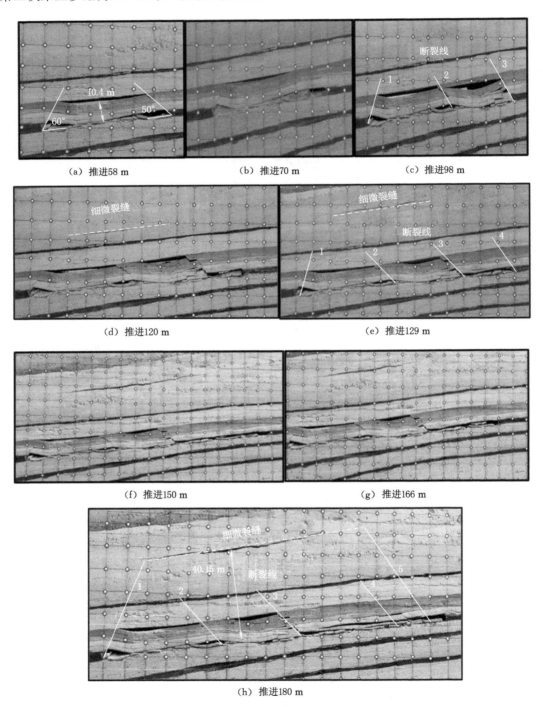

图 5-5 4-1 煤层不同推进距离时覆岩的垮落特征及覆岩"三带"形成过程

基于上述预先埋设的检测线,进一步从采动覆岩位移角度分析 4-1 煤层开采"三带"演化特征。在图 5-2 中选取靠近 4-1 煤层的 3 条非编码点倾斜观测线(c、d、e 线),分析 4-1 煤层上覆岩采动"三带"内岩层的位移情况。由上述相似模拟试验可知:直接顶板垮落后,随着工作面的继续推进,工作面上覆岩层均出现了不同程度的垮落失稳与下沉现象。

在 4-1 煤层工作面推进过程中位移监测线 c、d、e 线的位移曲线如图 5-6 所示。由图 5-3 可知:这 3 条监测线分别位于 4-1 煤层上方约 7 m、12 m、35 m 处。结合上述采动覆岩"三带"发育过程模拟分析可知:c 线位于垮落带范围内,d 线、e 线分别位于不同高度的断裂带范围内,因此,c 线、d 线、e 线可以反映垮落带、断裂带的岩层位移特征(负值表示位移下沉,正值表示位移上升)。

由图 5-6(a)可知:从模型左侧开挖,在工作面推进过程中,煤层顶板依次发生垮落,处于垮落带范围内的岩块呈现不连续性,在终采线一侧,垮落曲线趋于光滑,说明垮落步距减小,覆岩垮落幅度减小,最大垮落达 3.75 m(c13 点)。由图 5-7(b)可知:处于覆岩断裂带的下沉曲线波动性较小,说明断裂带内岩块相比于垮落带内岩块间的连续性较好。由于失稳岩块具有碎胀性,处于断裂带失稳岩层的最大下沉量为 1.5 m(d14 点)。由图 5-7(c)可知:处于断裂带的高层位覆岩的下沉量最小,总体上,位于覆岩断裂带的曲线对称性较好,曲线波动性不大。综上可知:随着工作面的推进,位于垮落带、断裂带内岩层位移曲线波动性不同,岩层位移曲线波动性排序依次为垮落带和断裂带,说明垮落带内的岩块不连续性最强,断裂带次之。

(2)顺序开采 4-2 煤上覆岩层垮落规律

图 5-7 为 4-1 煤层与 4-2 煤层同采覆岩破坏特征图,分别截取距开切眼 10 m、60 m、110 m 和 180 m 处的覆岩特征图为例进行分析。

距模型左端 60 m 处向右开采 4-2 煤层,工作面由左侧开切眼起向右持续推进,开采 10 m 形成开切眼,开切眼形成后,工作面由左侧开切眼起向右持续推进,在工作面推至 0~30 m 时,直接顶因自身强度处于悬空状态未发生破断垮落;当工作面推至 60 m 时,覆岩因达到极限跨距,4-2 煤层顶板出现整体垮落,发生初次垮落,如图 5-7(b)所示,4-1 煤层顶板冒落带也进一步下沉,4-2 煤层初次垮落步距为 60 m,比 4-1 煤层垮落布局略大,这是由于上覆煤层开采卸压而使下煤层垮落布局增大。随着 4-2 煤层工作面继续向前推进,当推进至 110 m 时,如图 5-7(c)所示,4-2 煤层顶板出现第二次整体冒落,周期来压步距为 50 m,矿压显现强烈,表现为断裂线向上发育较快,4-2 煤层断裂线和 4-1 煤层断裂线连通,同时,由于受煤层倾角的影响,上覆岩层向工作面下端头形成较大的变形,并较大部分转移到下端头深部围岩,造成 3-2 煤层底板局部破坏。随着 4-2 煤层工作面继续向前推进,当推进至 180 m 时,如图 5-7(d)所示,4-2 煤层顶板出现第三次整体冒落,来压步距为 70 m。

由上述试验并结合失稳岩块垮落情况可知:当上覆采空区的 4-2 煤层开采时,4-2 煤层的"两带"与 4-1 煤层的"两带"重叠,4-2 煤层上方的最大垮落带高度为 18.0 m,裂隙带最大高度为 50.5 m。初次来压步距为 60 m,第一次周期来压步距为 50 m,第二次来压步距为 70 m。

在 4-2 煤层工作面推进过程中位移监测线 b、c、d、e 线的位移曲线如图 5-8 所示。由图 5-8 可知:b 监测线距离 4-2 煤层顶板 4 m,其他 3 条监测线分别位于 4-1 煤层上方约 7 m、12 m、35 m 处。结合上述采动覆岩"三带"发育过程模拟分析可知:b、c 线位于垮落带范围

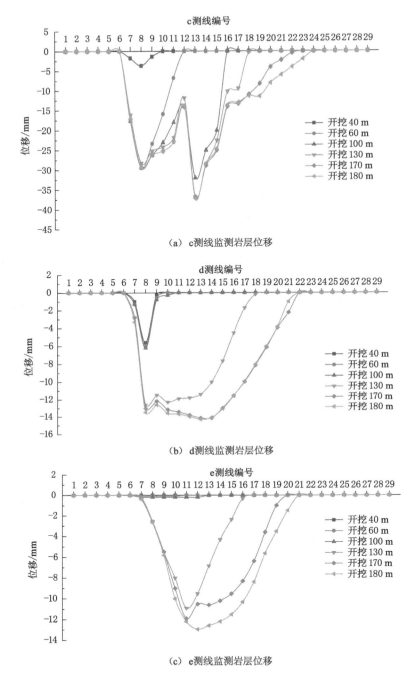

（a）c测线监测岩层位移

（b）d测线监测岩层位移

（c）e测线监测岩层位移

图 5-6　4-1 煤层开挖不同距离时监测线位移曲线

内，d 线、e 线分别位于不同高度的断裂带范围内，因此，b 线、c 线、d 线、e 线可反映垮落带、断裂带的岩层位移特征（负值表示下沉，正值表示上升）。垮落带不连续性最强，断裂带次之。

（3）顺序开采 4-3 煤层上覆岩层垮落规律

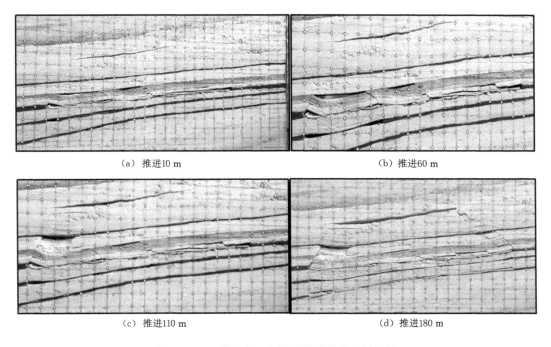

(a) 推进10 m

(b) 推进60 m

(c) 推进110 m

(d) 推进180 m

图 5-7 4-1 煤层与 4-2 煤层同采覆岩破坏特征

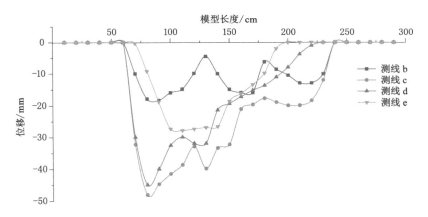

图 5-8 4-2 煤层全采后监测线位移曲线

由于 4-3 煤层开采过程中矿压特征不明显,本书仅以 4-3 煤层开采结束处的覆岩特征图为例进行分析,如图 5-9 所示。位移监测线 a、b、c、d、e 线的位移曲线如图 5-10 所示。

由上述试验并结合失稳岩块垮落情况可知:当上覆采空区的 4-3 煤层开采时在开采 4-1 煤层和 4-2 煤层后,4-3 煤层的垮落带高度约为 4.10 m,4-3 煤层上方的裂隙带和 4-2 煤层、4-1 煤层裂隙带重叠,最大高度为 69.2 m。

结合上述采动覆岩"三带"发育过程模拟分析可知:a、b、c 线位于垮落带范围内,d 线、e 线分别位于不同高度的断裂带范围内,因此,a 线、b 线、c 线、d 线、e 线可反映垮落带、断裂带的岩层位移特征(负值表示下沉,正值表示上升)。垮落带不连续性最强,断裂带次之。

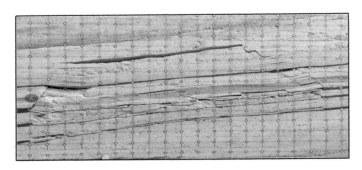

图 5-9　4-1 煤层、4-2 煤层和 4-3 煤层同采覆岩破坏特征

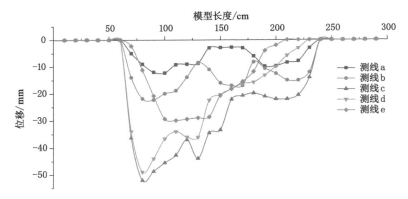

图 5-10　4-3 煤层全采后监测线位移曲线

5.4　本章小结

（1）采用相似模拟试验，对Ⅰ01 采区 4-1 煤层开采后上覆顶板两带发育高度覆岩运移特征进行了分析，得出 4-1 煤层开采后覆岩垮落带高度约为 10.4 m，距离 3-2 煤层底板9.8 m，最大裂隙带高度为 40.15 m，初次来压步距为 58 m，第一次周期来压步距为 40 m，第二次周期来压步距为 31 m，第三次周期来压步距为 37 m。

（2）采用相似模拟试验，对Ⅰ01 采区顺序开采 4-2 煤层后上覆顶板两带发育高度覆岩运移特征进行了分析，得出 4-2 煤层的垮落带与 4-1 煤层的垮落带连通到一起，4-2 煤层上方的最大垮落带高度为 18.0 m，裂隙带和 4-1 煤层裂隙带重叠，最大高度为 50.5 m。

（3）采用相似模拟试验，对Ⅰ01 采区顺序开采 4-3 煤层后上覆顶板两带发育高度覆岩运移特征进行了分析，4-3 煤层的垮落带高度约为 4.10 m，4-3 煤层上方的裂隙带和 4-2 煤层、4-1 煤层裂隙带重叠，最大高度为 69.2 m。

6 Ⅰ01采区3-2煤层上行开采数值模拟

6.1 数值模拟介绍

采动影响下的岩层稳定性问题是极为复杂的力学问题。岩层的破坏往往是多种因素相互作用的结果,人们观察到的岩层变形破坏状态是多种因素作用表现出来的综合现象。在一定条件下顶板岩层变形破坏的机制是确定的,寻求这一机制的有效途径是了解和分析顶板的变形破坏过程,这种研究方法为"过程分析"方法。过程分析方法需要有一种有效的手段来获取事物变化过程中的信息。现场监测是一种简单的手段,由于目前观察监测手段的局限性,现场监测和相似材料模拟试验均不能获取分析问题所需的足够信息,如围岩各部分的变形,破坏形态及应力、应变分布状态等。数值模拟是一种最为明了的便于分析问题的手段。它可以根据研究问题的需要,改变模型大小、材料性质及有关影响因素,通过数值处理显示围岩的应力、变形及破坏状态,从而易分析问题。

离散元法是康德尔(Cundall)于1971年以刚性离散单元为基本单元,根据牛顿第二定律提出的一种动态分析方法,随后又将其发展为变形离散单元(简单变形离散单元和变形离散单元),使其既能模拟块体受力后的运动,又能模拟块体受力后的变形。离散元法的基本思想可用经典力学的超静定结构分析方法来说明,任何一个块体作为一个脱离体来分析,总会受到周围相邻单元的力和力矩的作用,在合力和合力矩的作用下,产生脱离体的变形和运动。当单元体相对多时,传统的算法很难实现,只有计算机发展到今天才能实现。从离散元理论的角度来看,岩体本质上是由节理分割形成的离散体,因此可以作为离散体处理。由于块体间存在力学上的相互作用和联系,这使得离散元法在矿山压力分布和岩层移动、变形及破坏研究中得到较广泛的应用。

离散元法也像有限元法那样,需将模型区域划分单元,但这些单元是相对独立的块体,在以后的运动中,一个单元可以和相邻单元接触,也可以分离。因而,他不需要满足变形协调方程。除了边界条件以外,其必须满足表征介质应力与应变之间关系的物理方程和每一个块体的平衡方程。与有限元单元法一样,离散元法也有较为广泛应用的软件,如UDEC(universal distinct code)。离散元UDEC和FLAC[3D]都是岩土工程数值模拟软件,但各有自身的特点,其适应的情况也不同,所以需要根据所研究的内容选择合适的数值模拟软件。总体来讲,分析工作面顶板的各种形态变化,模拟岩层离层与节理裂隙面,或直接分析裂隙性质等问题的,应该选择离散元UDEC;当分析工作面采动后覆岩应力和位移演化规律的,应该选择有限元FLAC[3D]。在本书中,作者先采用UDEC软件构造计算模型,通过分析模型的变化来达到预测4煤组开采后裂隙带发育高度的目的,再用FLAC[3D]软件分析4煤组开采后顶底板的应力分布情况。

6.2 UDEC 计算模型的建立

6.2.1 模型的计算原则

模型建立的准确与否直接决定了结果。此次设计的模拟符合以下几个原则：

（1）影响覆岩运动和应力分布的因素有很多，但是实际情况比较复杂，所以要对模型进行简化，又必须尽可能多地考虑对模拟有影响的因素。

（2）UDEC 可以产生大量的虚拟节理，此次模拟在考虑实际岩石层理的同时添加了大量的虚拟节理，使模拟效果更加真实。

（3）为了使问题简化，认为模型材料各向同性，符合一般材料力学性质规律。

（4）模型边界必须具有足够的长度范围，以避免模型边界对模拟结果产生误差。同相似模拟试验一样，为了避免边界效应，要在边界处设置保护煤柱。

（5）为了块体更好地垮落，也更加符合实际情况，计算中考虑了重力的影响。

6.2.2 模型的建立及测线布置

利用 UDEC 数值模拟软件，以双马一矿 I01 采区 I0104₁05 工作面为原型，建立长 470 m、高 195 m 的模型，工作面长度为 250 m，两侧均留 30 m 煤柱和 80 m 边界。4-1 煤层的采煤高度为 4 m，4-2 煤层和 4-3 煤层的采煤高度为 1.6 m，4-1 煤层的平均倾角为 7°，4-2 煤层的平均倾角为 9°，为了更好地反映两带特征，故将模型中煤岩层倾角统一设置为 9°。4-3 煤层距离地表约 195 m，现阶段模拟上覆岩层高度为 175 m，未能模拟的上覆岩层转化为附加荷载，用力的形式体现，附加荷载替代的覆岩高度为 20 m。按重度为 25 kN/m³ 计算，左右边界限制水平方向运动，下边界限制竖直方向运动，上边界施加等效荷载 0.5 MPa，为更好地体现浅埋开采地应力的特性，在模拟过程中，考虑地应力的影响，初始应力为最大水平应力，是最小水平应力和竖直应力的 1.2 倍。采用莫尔-库仑本构模型，数值模型如图 6-1 所示，各岩层数值模拟参数见表 6-1。通过采取对模型进行分步开挖的方法模拟实际开采过程中顶板的初次来压步距和周期来压步距，每次开挖 5 m 后进行计算。

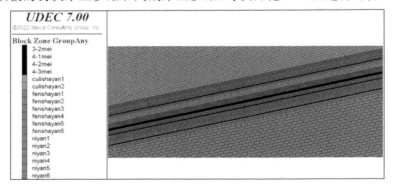

图 6-1　数值模型示意图

6.2.3 岩层物理力学参数选择

UDEC 的岩石材料破坏选择莫尔-库仑本构模型,此处对应的是剪切破坏的线性破坏面。

$$f_s = (\sigma_1 - \sigma_3)N_\varphi + 2C\sqrt{N_\varphi} \tag{6-1}$$

式中,$N_\varphi = \dfrac{1+\sin\varphi}{1-\sin\varphi}$;$\sigma_1$ 为最大主应力;σ_3 为最小主应力;φ 为内摩擦角;C 为黏聚力。

如果 $f_s < 0$,发生剪切屈服。两个强度常数 φ 和 C 容易根据实验室的三轴试验导出。但是为了简化,屈服面扩展到 σ_3 等于其抗拉强度 σ^t 的区域,最小主应力不能超过抗拉强度。

$$f_t = \sigma_3 - \sigma^t \tag{6-2}$$

如果 $f_t > 0$,发生张拉屈服。注意,抗拉强度不能超过 σ_3 的值,该值对应莫尔-库仑本构关系的上限,最大值由下式确定:

$$\sigma^t_{max} = \frac{C}{\tan\varphi} \tag{6-3}$$

UDEC 软件需要输入的岩石力学参数包括体积模量 K、切变模量 G、岩层或岩石节理的法向刚度 k_n 和切向刚度 k_s。节理性质通常由室内试验获取(三轴或直剪试验)。通过查阅资料和参考前人的研究成果,具体的计算方法如以下公式所示。

$$K = \frac{E}{3(1-2\mu)} \tag{6-4}$$

$$G = \frac{E}{2(1+\mu)} \tag{6-5}$$

$$k_n = \max\left[\frac{K + \dfrac{4}{3}G}{\Delta Z_{min}}\right] \tag{6-6}$$

$$k_s = 0.4k_n \tag{6-7}$$

式中,E 为弹性模量,GPa;μ 为泊松比;ΔZ_{min} 为相邻块体单元之间在接触面法向上的最小宽度,m;$\max[\ ]$ 为与节理相邻的各个单元的最大值(因为相邻同一条节理的各个块体的材料可能不同)。

数值计算中采用的各岩层分布及物理力学参数见表 6-1。

表 6-1 各岩层分布及物理力学参数表

岩性	厚度/m	黏聚力 /×10⁻³ MPa	内摩擦角 /(°)	弹性模量 /GPa	泊松比	密度 /(kg/m³)	抗压强度 /×10⁻³ MPa	抗拉强度 /×10⁻⁴ MPa
粗粒砂岩		2.75	41.51	10.02	0.25	2 800	12.50	5.79
粉砂岩	6.8	1.08	37.69	4.04	0.21	2 450	3.59	4.22
泥岩	4	0.35	31.70	1.63	0.29	2 550	1.57	2.14
粉砂岩	5.7	1.08	37.69	4.04	0.21	2 450	3.59	4.22
3-2 煤	1.6	0.34	32.15	1.25	0.25	1 350	1.97	1.35

表6-1(续)

岩性	厚度/m	黏聚力/$\times 10^{-3}$ MPa	内摩擦角/(°)	弹性模量/GPa	泊松比	密度/(kg/m³)	抗压强度/$\times 10^{-3}$ MPa	抗拉强度/$\times 10^{-4}$ MPa
泥岩	4	0.35	31.70	1.63	0.29	2 550	1.57	2.14
粗粒砂岩	8.6	2.75	41.51	10.02	0.25	2 800	12.50	5.79
粉砂岩	9	1.08	37.69	4.04	0.21	2 450	3.59	4.22
4-1 煤	4	0.34	32.15	1.25	0.25	1 350	1.97	1.35
泥岩	6.6	0.35	31.70	1.63	0.29	2 550	1.57	2.14
4-2 煤	1.6	0.34	32.15	1.25	0.25	1 350	1.97	1.35
泥岩	9.3	0.35	31.70	1.63	0.29	2 550	1.57	2.14
粉砂岩	2.2	1.08	37.69	4.04	0.21	2 450	3.59	4.22
泥岩	4.6	0.35	31.70	1.63	0.29	2 550	1.57	2.14
4-3 煤	1.6	0.34	32.15	1.25	0.25	1 350	1.97	1.35
粉砂岩	6	1.08	37.69	4.04	0.21	2 450	3.59	4.22
细粒砂岩	4	2.80	39.37	8.74	0.26	2 780	13.00	5.25
粉砂岩	10	1.08	37.69	4.04	0.21	2 450	3.59	4.22

本次模拟共设5种方案,设置工作面长度分别为50 m、100 m、150 m、200 mm、250 m。在工作面顶板方向设立沿煤层倾向的测线,测线竖直间隔为每个岩层厚度,具体测线布置见表6-2至表6-4,然后根据5种不同方案,通过8条测线监测煤层随着工作面长度的增加,工作面覆岩在相同水平、不同高度处的位移及应力变化情况。

表 6-2　4-1 煤层上覆岩体监测位置分布情况

测线序号	岩性	岩层厚度/m	监测线位置	距 4-1 煤层顶板距离/m
1	4-1 煤	4.0	4-1 煤层顶板	0
2	粉砂岩	9.0	粉砂岩顶板	9.0
3	粗粒砂岩	8.6	粗粒砂岩顶板	17.6
4	泥岩	4.0	泥岩顶板	21.6
5	3-2 煤	1.6	3-2 煤层顶板	23.2
6	粉砂岩	5.7	粉砂岩顶板	28.9
7	泥岩	4.0	泥岩中层	30.9
8	泥岩	4.0	泥岩顶板	32.9

表 6-3　4-2 煤层上覆岩体监测位置分布情况

测线序号	岩性	岩层厚度/m	监测线位置	距 4-2 煤层顶板距离/m
1	4-2 煤	1.6	4-2 煤层顶板	0
2	泥岩	6.6	泥岩顶板	6.6

表6-3(续)

测线序号	岩性	岩层厚度/m	监测线位置	距 4-2 煤层顶板距离/m
3	4-1 煤	4.0	4-1 煤层顶板	10.6
4	粉砂岩	9.0	粉砂岩顶板	19.6
5	粗粒砂岩	8.6	粗粒砂岩顶板	28.2
6	泥岩	4.0	泥岩顶板	32.2
7	3-2 煤	1.6	3-2 煤层顶板	33.8
8	粉砂岩	5.7	粉砂岩顶板	39.5
9	泥岩	4.0	泥岩中层	41.5
10	泥岩	4.0	泥岩顶板	43.5

表 6-4   4-3 煤层上覆岩体监测位置分布情况

测线序号	岩性	岩层厚度/m	监测线位置	距 4-3 煤层顶板距离/m
1	4-3 煤	1.6	4-3 煤层顶板	0
2	泥岩	4.6	泥岩顶板	4.6
3	粉砂岩	2.2	粉砂岩顶板	6.8
4	泥岩	9.3	泥岩顶板	16.1
5	4-2 煤	1.6	4-2 煤层顶板	17.7
6	泥岩	6.6	泥岩顶板	24.3
7	4-1 煤	4.0	4-1 煤层顶板	28.3
8	粉砂岩	9.0	粉砂岩顶板	37.3
9	粗粒砂岩	8.6	粗粒砂岩顶板	45.9
10	泥岩	4.0	泥岩顶板	49.9
11	3-2 煤	1.6	3-2 煤层顶板	51.5
12	粉砂岩	5.7	粉砂岩顶板	57.2
13	泥岩	4.0	泥岩中层	61.2
14	泥岩	4.0	泥岩顶板	65.2

6.3   UDEC 数值模拟结果分析

6.3.1   Ⅰ0104₁05 工作面开采后覆岩运动规律

Ⅰ0104₁05 工作面开挖后,采场上覆岩层结构经历了"平衡-破坏-平衡",最终形成了稳定的垮落结构及"上三带"区域。不同工作面长度覆岩应力和位移如图 6-2 所示。根据表 6-2 布设的 8 条覆岩下沉监测线,获取覆岩下沉数据,采用数学分析软件对数据进行处理,通过不同测线差值关系及图像显示形态来判别Ⅰ0104₁05"上三带"临界高度,得到开采结束后不同水平高度测线测得的覆岩下沉量,如图 6-3 所示。

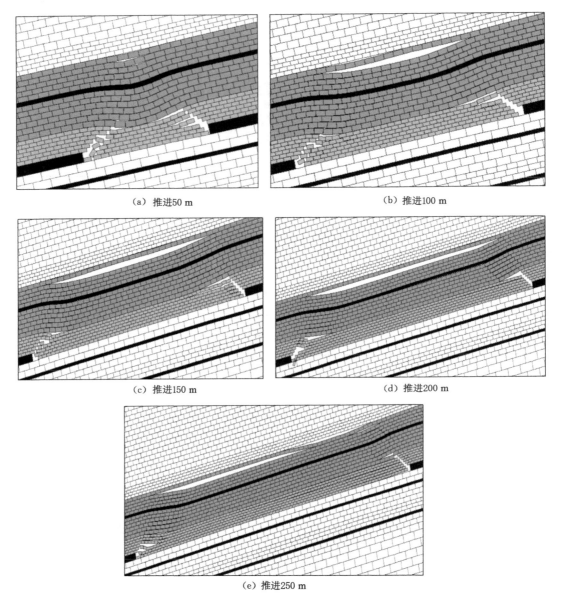

（a）推进50 m

（b）推进100 m

（c）推进150 m

（d）推进200 m

（e）推进250 m

图 6-2　不同推进距离时覆岩破坏演化过程

　　由图 6-2 可知：随着工作面的开采，上覆岩层开始运动，且覆岩中主应力分布规律也开始发生变化。整个采场覆岩形成不同形态的类似抛物线拱平衡力学支撑结构，同时位于工作面上端的拱脚一端因受覆岩应力影响及自身缺乏的有效约束而率先离层破坏，随之工作面下端因受强度的约束处于亚稳定状态，同时受其自身重力和煤层倾角的影响，上覆岩层向工作面下端形成较大的变形区，并大部分转移到下端深部围岩内，形成偏向下端的倾斜变形拱。当工作面推进距离为 50 m 时，上覆的悬空岩层在自身重力作用及承受的压力作用下，首先折断、松动，继而崩塌，而其他覆岩在此基础上会顺序向下运动，直接顶开始垮落，岩石

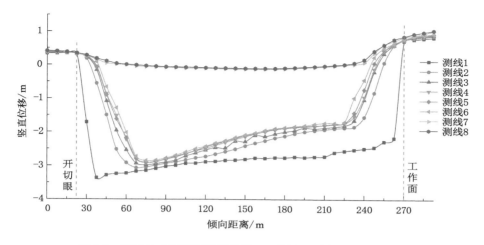

图 6-3　开采结束后不同测线位置 4-1 煤层上覆岩层下沉量曲线

破坏崩落的范围较小,冒落的直接顶未能充满采空区,垮落带上部形成空隙,工作面各部分顶板下沉,并未产生明显的离层破坏。当工作面推进至 100 m 时,工作面中上部基岩层离层破坏,覆岩运动开始趋于平缓,裂隙发育速度也随之趋于平缓,上覆岩层结构已基本稳定,覆岩形成了明显不同的状态,垮落带和裂隙带差异明显。当工作面继续推进至 150 m 和 250 m 时,工作面顶板破坏高度没有继续增加,岩层间的结构发生剧烈变化,会通过梁结构向上传导,其中一部分靠近煤层的岩层已经触底,竖向位移达到最大,一部分岩层的竖向位移还将持续增大;当开采结束后,岩层经过长时间的"自我调整",基本不再发生位置的改变,各岩层的竖向位移不再变化。

由图 6-3 可知:当工作面开挖 250 m 结束后,岩层受工作面直接顶垮落影响,上覆岩层受煤层倾角影响有向下端移动的趋势,1 号测线下沉量最大,当测线高度增加到 9 m 时,随着测线高度的增加,各条测线覆岩下沉量趋于平缓,此时可以认为 2 号测线距 4-1 煤层顶板处 9 m 为垮落带临界高度;当测线高度增加至 30.9 m 时,随着测线高度的继续增加,上覆岩层下沉基本不变,因而认为 30.9 m 以后为裂隙带与弯曲下沉带分界线。

6.3.2　顺序开采 Ⅰ0104₂04 工作面开采后覆岩运动规律

当位于 Ⅰ0104₁05 采空区下 Ⅰ0104₂04 工作面开采后,其采场上覆岩层结构又一次经历了"平衡-破坏-平衡",最终形成了稳定的垮落结构及"上三带"区域。不同工作面长度时覆岩的运移特征如图 6-4 所示,根据表 6-4 布设的 8 条覆岩下沉监测线,获取覆岩下沉数据,采用数学分析软件对数据进行处理,通过不同测线差值关系及图像显示形态来判别 Ⅰ0104₁05 及正下方 Ⅰ0104₂04 开采后形成综合"上三带"临界高度的位置,得到开采结束后不同水平高度测线测得的覆岩下沉量,如图 6-5 所示。

由图 6-4 可知:随着 Ⅰ0104₂04 工作面的开采,上覆岩层开始运动,整个采场覆岩形成不同形态的类似抛物线拱平衡力学支撑结构,当工作面推进距离为 50 m 时,上覆的悬空泥岩层在自身重力及承受的压力作用下折断、松动继而崩塌,而其他覆岩在此基础上也会顺序向下运动,直接顶开始垮落,由于泥岩破碎性系数较大,冒落的直接顶充满采空区。由于上煤

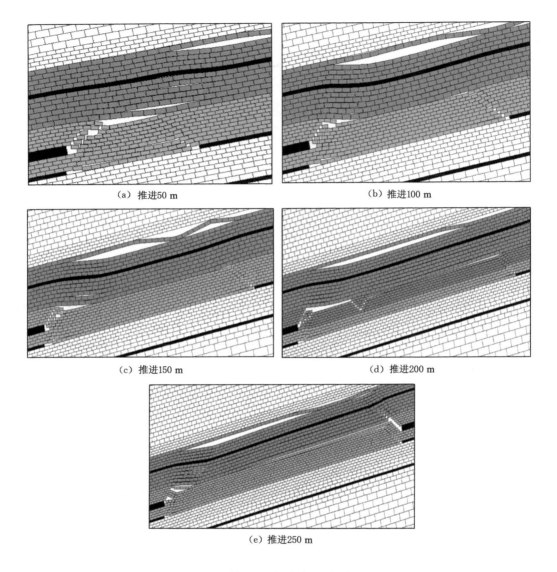

(a) 推进50 m

(b) 推进100 m

(c) 推进150 m

(d) 推进200 m

(e) 推进250 m

图 6-4　不同推进距离时覆岩破坏演化过程

层采空区矸石不易形成结构,以均布荷载的形式对其下部工作面采空区破碎岩体进一步压实,使得Ⅰ0104₁05采空区垮落带上部空隙进一步增大,上覆岩层发生离层破坏。当工作面推进至 100 m 时,上覆岩层依次发生直接顶、基本顶的初次垮落及周期性垮落,各岩层的离层空间与碎胀空间伴随岩层的不断下沉而逐渐缩小,裂隙发育速度也随之趋于平缓,上覆岩层结构已基本稳定,上覆岩层形成了明显不同的状态,垮落带和裂隙带差异明显,并最终形成 4-1 煤层和 4-2 煤层开采后上覆岩层的垮落带、裂隙带、弯曲下沉带。

　　由图 6-5 可知:当Ⅰ0104₂04 工作面开挖 250 m 结束后,岩层受工作面直接顶垮落的影响,上覆岩层受煤层倾角影响有向下端移动的趋势,位于直接顶泥岩顶板全部垮落充填采空区,位于泥岩顶板上方的 4-1 煤层采空区及冒落带直接垮落下沉,对下方采空区进一步压

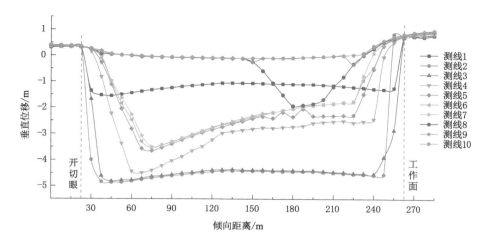

图 6-5　Ⅰ0104105、Ⅰ0104204 开采结束后不同测线位置 4-1 煤上覆岩层下沉量曲线

实,因而 2、3 号测线下沉量最大,当测线高度增加到 19.6 m 时,随着测线高度的增加,各条测线覆岩下沉趋于平缓,此时可以认为 4 号测线距 4-2 煤层顶板 19.6 m 为垮落带临界高度。当测线高度增加至 41.5 m 时,随着测线高度的继续增加,上覆岩层下沉基本不变,因此认为 41.5 m 以后为弯曲下沉带。

6.3.3　顺序开采Ⅰ0104₃04 工作面后覆岩运动规律

当位于Ⅰ0104₂04 采空区下的Ⅰ0104₃04 工作面开采后,其采场上覆岩层结构又一次经历了"平衡-破坏-平衡",最终形成了稳定的垮落结构及"上三带"区域。不同工作面长度时上覆岩层的运移和特征如图 6-6 所示,根据表 6-4 布设的 14 条上覆岩层下沉监测线,获取覆岩下沉数据,采用数学分析软件对数据进行处理,通过不同测线差值关系及图像显示形态来判别Ⅰ0104₂04 工作面及正下方Ⅰ0104₃04 工作面开采后形成综合"上三带"临界高度的位置,得到开采结束后不同水平高度测线测得的上覆岩层下沉量,如图 6-7 所示。

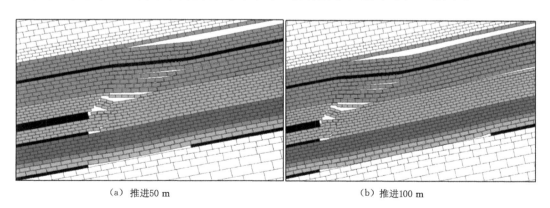

（a）推进50 m　　　　　　　　　　　　　（b）推进100 m

图 6-6　不同推进距离时上覆岩层破坏演化过程

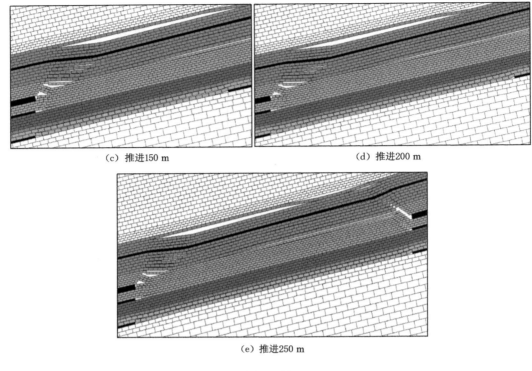

（c）推进150 m   （d）推进200 m

（e）推进250 m

图 6-6（续）

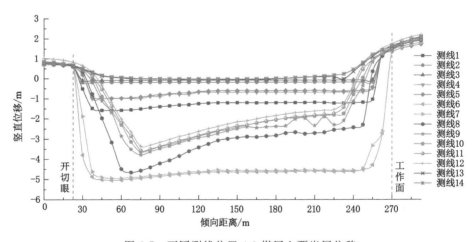

图 6-7 不同测线位置 4-3 煤层上覆岩层位移

由图 6-7 可知：当Ⅰ0104₃04 工作面开挖 250 m 结束后，岩层受工作面直接顶垮落影响，上覆岩层受煤层倾角影响有向下端移动的趋势，位于直接顶泥岩顶板全部垮落充填采空区，可以认为垮落带为 4.6 m，位于煤层顶板上方的 4-2 煤层采空区及冒落带直接垮落下沉，对下方采空区进一步压实，因而 6、7 号测线下沉量最大，当测线高度增加到 37.3 m 时，随着测线高度的增加，各条测线上覆岩层下沉量趋于平缓，此时可以认为 8 号测线距 4-3 煤层顶板处 37.3 m 为垮落带临界高度。当测线高度增加至 61.2 m 时，随着测线高度的继续增加，上覆岩层下沉基本不变，因此认为 61.2 m 以后为弯曲下沉带。

6.4 FLAC^{3D} 计算模型的建立

利用 FLAC^{3D} 数值模拟软件，以双马一矿Ⅰ01 采区 4 煤层组及 3-2 煤层赋存条件与开采技术为背景，坐标系采用直角坐标系，XOY 平面取为水平面，Z 轴取竖直方向，并且规定向上为正，整个坐标系符合右手螺旋法则，模型左下脚点为坐标原点，水平向右为 X 轴正方向，水平向内为 Y 轴正方向，竖直向上为 Z 轴正方向。建立三维模型的尺寸为 600 m × 200 m × 300 m，共划分为 1 360 000 个单元，有 1 398 951 个节点，建立的模型如图 6-8 所示。模型中 3-2 煤层、4-1 煤层、4-2 煤层、4-3 煤层的采煤高度分别为 1.6 m、4 m、1.6 m 和 1.6 m，煤层间距分别为 21.6 m、6.6 m、16.1 m，煤层的平均倾角为 9°。三维模型的边界条件为：四周为铰支，底部为固支，上部为自由边界。模型的煤岩层物理力学参数均按实验室煤岩样测试结果和工程类比对模型赋值，模拟力学参数见表 6-5。模型建好后计算初始应力场至平衡，然后顺序开采 4-1 煤层、4-2 煤层和 4-3 煤层，每一步推进距离为 10 m，工作面推进长度为 170 m。

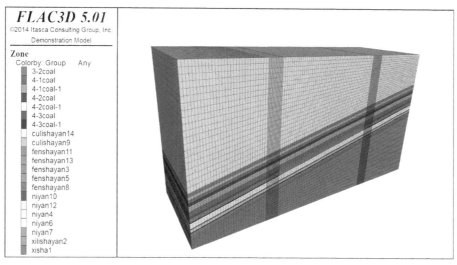

图 6-8 建立的模型

表 6-5 岩层分布及物理力学参数表

岩性	厚度 /m	黏聚力 /×10^{-3} MPa	内摩擦角 /(°)	弹性模量 /GPa	泊松比	密度 /(kg/m³)	抗压强度 /×10^{-3} MPa	抗拉强度 /×10^{-4} MPa
粗粒砂岩		2.75	41.51	10.02	0.25	2 800	12.50	5.79
粉砂岩	6.8	1.08	37.69	4.04	0.21	2 450	3.59	4.22
泥岩	4	0.35	31.70	1.63	0.29	2 550	1.57	2.14
粉砂岩	5.7	1.08	37.69	4.04	0.21	2 450	3.59	4.22
3-2 煤	1.6	0.34	32.15	1.25	0.25	1 350	1.97	1.35

表6-5（续）

岩性	厚度/m	黏聚力/$\times 10^{-3}$ MPa	内摩擦角/(°)	弹性模量/GPa	泊松比	密度/(kg/m³)	抗压强度/$\times 10^{-3}$ MPa	抗拉强度/$\times 10^{-4}$ MPa
泥岩	4	0.35	31.70	1.63	0.29	2 550	1.57	2.14
粗粒砂岩	8.6	2.75	41.51	10.02	0.25	2 800	12.50	5.79
粉砂岩	9	1.08	37.69	4.04	0.21	2 450	3.59	4.22
4-1 煤	4	0.34	32.15	1.25	0.25	1 350	1.97	1.35
泥岩	6.6	0.35	31.70	1.63	0.29	2 550	1.57	2.14
4-2 煤	1.6	0.34	32.15	1.25	0.25	1 350	1.97	1.35
泥岩	9.3	0.35	31.70	1.63	0.29	2 550	1.57	2.14
粉砂岩	2.2	1.08	37.69	4.04	0.21	2 450	3.59	4.22
泥岩	4.6	0.35	31.70	1.63	0.29	2 550	1.57	2.14
4-3 煤	1.6	0.34	32.15	1.25	0.25	1 350	1.97	1.35
粉砂岩	6	1.08	37.69	4.04	0.21	2 450	3.59	4.22
细粒砂岩	4	2.80	39.37	8.74	0.26	2 780	13.00	5.25
粉砂岩	10	1.08	37.69	4.04	0.21	2 450	3.59	4.22

计算模型边界条件如下：

（1）模型 X 轴两端边界施加沿 X 轴的约束，即边界 X 轴方向位移为 0；

（2）模型 Y 轴两端边界施加沿 Y 轴的约束，即边界 Y 轴方向位移为 0；

（3）模型底部边界固定，即底部边界 X、Y、Z 轴方向的位移均为 0；

（4）模型顶部为自由边界。

考虑模型地层中所处的深度，计算模型边界荷载为自重，选用莫尔-库仑本构模型，由于 FLAC 软件属于连续介质力学分析软件，因此，在开采相应煤层后对其采空区进行充填，以此来模拟采空区上部岩层垮落后的碎涨效应。

6.5 FLAC^{3D} 数值模拟结果分析

6.5.1 开采 4-1 煤层后 3-2 煤层底板应力分布及变形破坏特征

为了研究 4-1 煤层开采后 3-2 煤层应力分布规律及变形特征，获得了 4-1 煤层采后覆岩竖直应力分布情况，如图 6-9 所示。其中 4-1 煤层工作面倾斜长度为 250 m，走向长度为 170 m（沿 Y 轴方向推进）。利用 Tecplot 软件提取 4-1 煤层开采后 3-2 煤层底板位置各点的应力值，绘制如图 6-10 和图 6-11 所示 3-2 煤层底板竖直应力图、4-1 煤层开采后围岩塑性区、4-1 煤层开采后 3-2 煤层竖直应力分布曲线图。

从图中可以看出：4-1 煤开采后对上覆 3-2 煤层产生一定的卸压作用，采空区上方 3-2 煤层底板竖直应力最大降低 2.07 MPa，约为初始应力的 0.65 倍。但是由于 4-1 煤层采空区侧向支撑应力作用，在 4-1 煤层采空区两侧上方的 3-2 煤层产生了应力集中现象，由于 3-2 煤层埋深不同，3-2 煤层底板应力分布以 4-1 煤层采空区中心呈现非对称分布，在运输巷

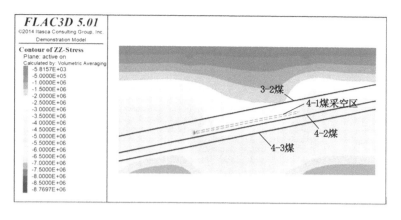

图 6-9　4-1 煤层开采后覆岩竖直应力分布(单位:Pa)

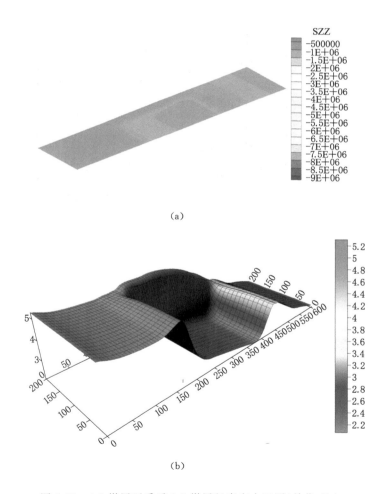

图 6-10　4-1 煤层开采后 3-2 煤层竖直应力云图(单位:Pa)

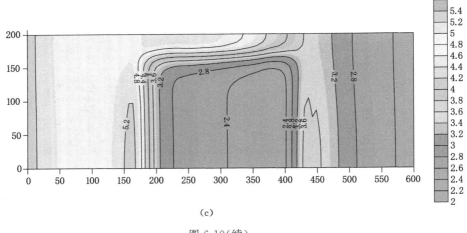

(c)

图 6-10（续）

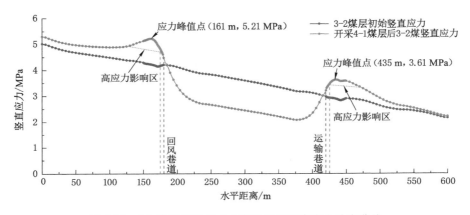

图 6-11　4-1 煤层开采后 3-2 煤层底板竖直应力分布曲线

道一侧应力峰值点距离 4-1 煤层采空区边界约 19 m 上方位置处,最大竖直应力值为 5.21 MPa,应力集中系数为 1.23,在峰值点外侧,应力逐渐降低直至原岩应力水平,在回风巷道一侧应力峰值点距离 4-1 煤层采空区边界约 15 m 上方位置处,最大竖直应力值为 3.61 MPa,应力集中系数为 1.25。按照其应力集中系数 1.1 倍为高应力水平,则高应力影响区域为距离采空区边界上方的 5～55 m 范围。

图 6-12 为 4-1 煤层开采后围岩塑性区分布图。由图 6-12 可知:4-1 煤层工作面开采以后在上覆岩层中形成了高度大约为 50 m 的塑性区,采空区上方顶板主要为拉伸破坏,而在 3-2 煤层上方既有拉伸破坏也有剪切破坏,由于 4-1 煤层与 3-2 煤层层间距为 21.6 m,因此, 3-2 煤层将处于 4-1 煤层开采后的塑性区中,将给 3-2 煤层的采空区上方开采带来不利影响。

图 6-13 为 4-1 煤层开采后 3-2 煤层竖向位移云图。由图 6-13 可以看出:3-2 煤层中部出现最大值为 3.2 cm 的沉降,煤层只会发生整体下沉,而局部未发生台阶下沉,表明此时下组煤的回采对上组煤产生影响,但是影响范围较小,采取一定技术措施后仍然可以实现上行开采。

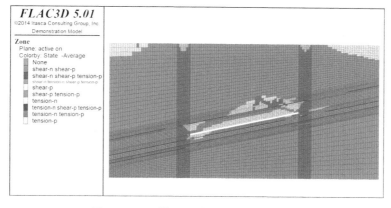

图 6-12 4-1 煤层开采后覆岩塑性区分布

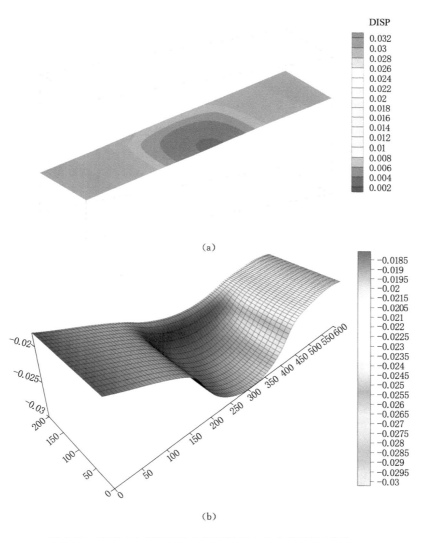

(a)

(b)

图 6-13 开采 4-1 煤层后 3-2 煤层竖直方向位移云图(单位:m)

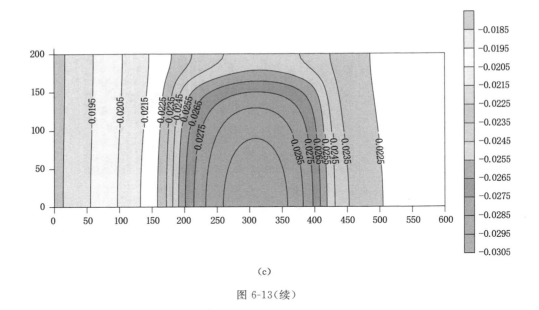

(c)

图 6-13(续)

6.5.2 顺序开采 4-2 煤层后 3-2 煤层底板应力分布及变形特征

为了研究顺序开采 4-2 煤层后 3-2 煤层应力分布规律及变形特征,获得了 4-1 煤层、4-2 煤层两层煤采后覆岩竖直应力分布情况,如图 6-14 所示。其中 4-2 煤层工作面长度为 250 m,推进长度为 170 m(沿 Y 轴方向推进)。利用 Tecplot 软件提取 4-1 煤层、4-2 煤层开采后 3-2 煤层底板位置各点的应力值,绘制如图 6-15 和图 6-16 所示 3-2 煤层底板竖直应力图、4-1 煤层开采后围岩塑性区、4-1 煤层开采后 3-2 煤层竖直应力分布曲线。

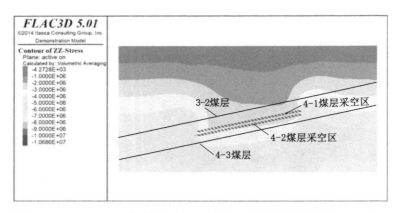

图 6-14 4-1 煤层、4-2 煤层开采后覆岩竖直方向应力分布云图(单位:Pa)

从图中可以看出:4-2 煤层开采后 3-2 煤层底板竖直应力进一步减小,表明开采 4-2 煤层对上覆 3-2 煤层底板应力进一步卸压,采空区上方 3-2 煤层底板应力最大降低到初始应力的 0.61 倍。但是 4-1 煤层、4-2 煤层采空区侧向支撑应力在采空区两侧上方的 3-2 煤层产生的应力集中大小变化不大。

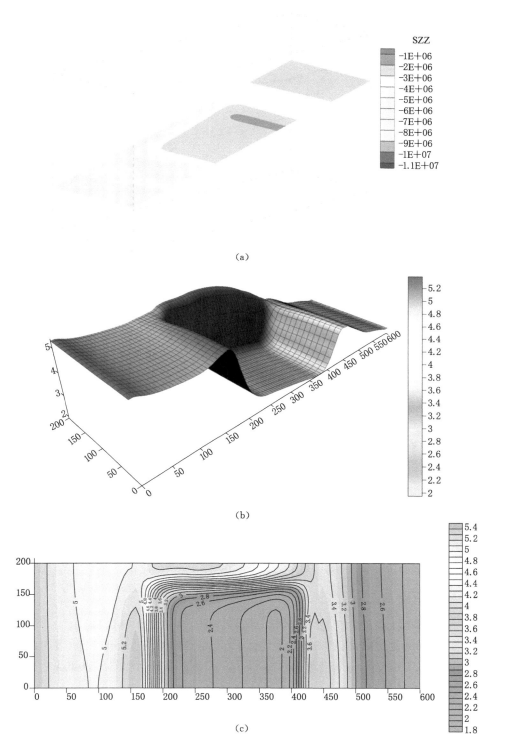

图 6-15 开采 4-1 煤层和 4-2 煤层后 3-2 煤层底板竖直方向应力云图(单位:Pa)

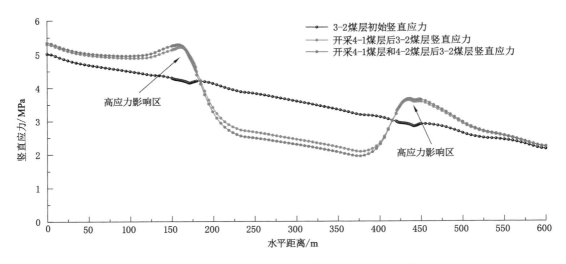

图 6-16　4-1 煤层、4-2 煤层开采后 3-2 煤层底板竖直应力分布曲线

图 6-17 为 4-2 煤层开采后围岩塑性区分布图。由图 6-17 可知:4-2 煤层工作面开采后上覆岩层塑性区进一步向深部扩展,形成了高度大约为 70 m 的塑性区,采空区上方顶板主要为拉伸破坏,而在 3-2 煤层上方也以拉伸破坏为主,由于 4-1 煤层与 3-2 煤层间距为 21.6 m,因此,3-2 煤层将处于 4-1 煤层开采后的塑性区中,将给 3-2 煤层的采空区上方开采带来不利影响。

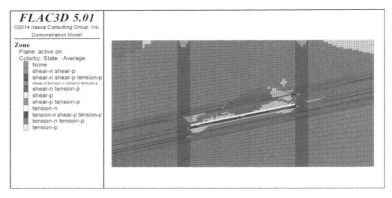

图 6-17　4-2 煤层开采后覆岩塑性区分布云图

图 6-18 为 4-2 煤层开采后 3-2 煤层竖向位移云图。由图 6-18 可以看出:3-2 煤层中部出现 23.4~31.1 mm 的沉降,煤层只会发生整体下沉,而局部未发生台阶下沉,表明此时下组煤的回采对上组煤产生影响,但影响范围较小,采取一定技术措施后仍然可以实现上行开采。

6.5.3　顺序开采 4-3 煤层后 3-2 煤层底板应力分布及变形特征

为了研究顺序开采 4-2 煤层后 3-2 煤层应力分布规律及变形特征,获得了 4-1 煤层、4-2 煤层、4-3 煤层三层煤采后覆岩竖直应力分布情况,如图 6-19 所示。其中 4-3 煤层工作面宽度为 250 m,推进长度为 170 m(沿 Y 轴方向推进)。利用 Tecplot 软件提取 4-1 煤层、4-2 煤层、4-3

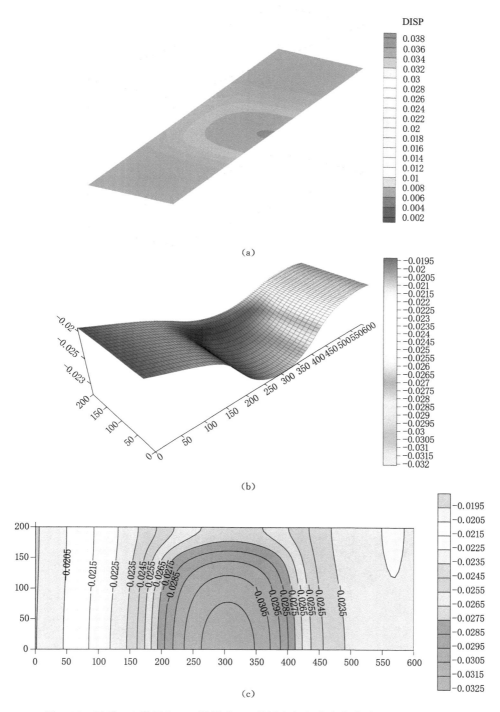

图 6-18　开采 4-1 煤层和 4-2 煤层后 3-2 煤层底板竖直方向位移云图（单位：m）

煤层开采后 3-2 煤层底板位置各点的应力值，绘制如图 6-20 和图 6-21 所示 3-2 煤层底板竖直应力图、4-3 煤层开采后围岩塑性区、4-3 煤层开采后 3-2 煤层竖直方向应力分布曲线。

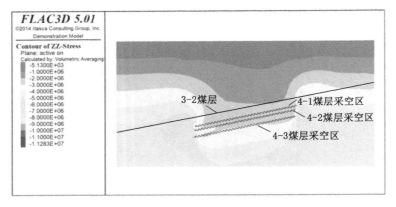

图 6-19 顺序开采 4-3 煤层后上覆岩层竖直方向应力分布云图(单位:Pa)

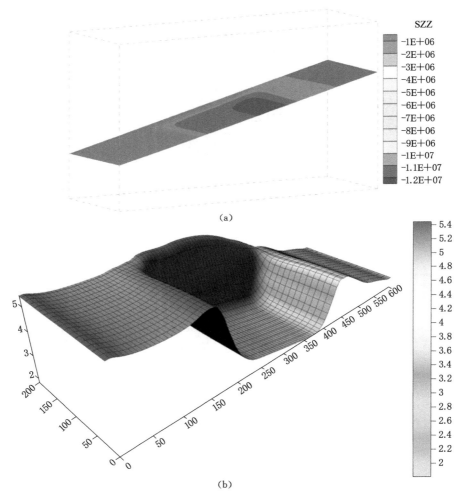

图 6-20 顺序开采 4-3 煤层后 3-2 煤层底板竖直方向应力云图(单位:Pa)

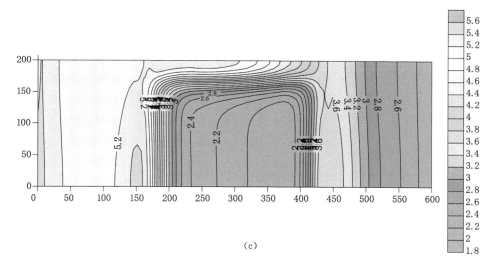

(c)

图 6-20 (续)

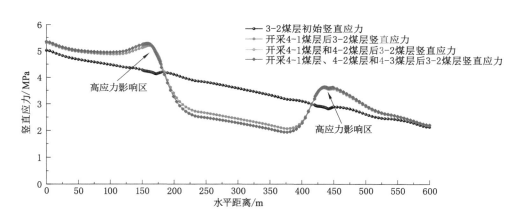

图 6-21 顺序开采 4-3 煤层后 3-2 煤层底板竖直应力分布曲线(单位:Pa)

从图 6-21 可以看出:顺序开采 4-3 煤层后 3-2 煤层底板竖直应力几乎不变,表明 4-3 煤层开采对 3-2 煤层几乎没有影响。

图 6-22 为 4-3 煤层开采后围岩塑性区分布图。由图 6-22 可知:4-3 煤层工作面开采以后上覆岩层塑性区停止向上发育,其开采对 3-2 煤层应力几乎不产生影响,因此,3-2 煤层仍将处于 4-1 煤层开采后的塑性区中。

图 6-23 为 4-3 煤层开采后 3-2 煤层的竖直方向位移云图。由图 6-23 可以看出:3-2 煤层中部出现 27～32 mm 的沉降,煤层只会发生整体下沉,而局部未发生台阶下沉,表明此时下组煤的回采对上组煤产生影响,但影响范围较小,采取一定技术措施后仍然可以实现上行开采。

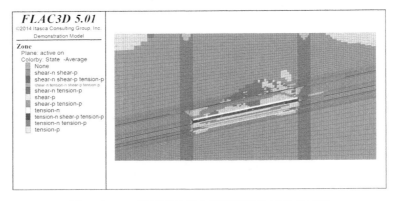

图 6-22　4-3 煤层开采后上覆岩层塑性区分布云图

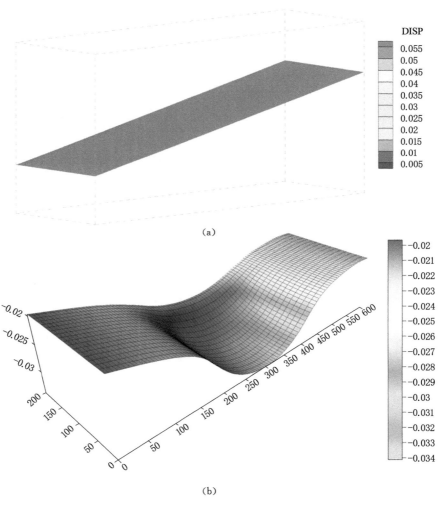

(a)

(b)

图 6-23　顺序开采 4-3 煤层后 3-2 煤层底板竖直方向位移云图(单位:Pa)

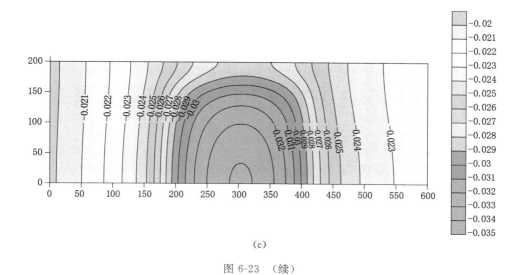

(c)

图 6-23　（续）

6.6　本章小结

（1）通过 UDEC 软件得出 4-1 煤层开采后垮落带高度为 9 m，裂隙带高度为 30.9 m；4-2 煤层开采后垮落带高度为 19.6 m，裂隙带高度为 41.5 m，4-3 煤层开采后垮落带高度为 4.6 m，裂隙带高度为 61.2 m。

（2）通过 FLAC³ᴰ 软件得出 4-1 煤层开采后，3-2 煤层底板应力分布以 4-1 煤层采空区中心呈现非对称分布，在运输巷道一侧应力峰值点最大竖直应力值为 5.21 MPa，在回风巷道一侧应力峰值点最大竖直应力值为 3.61 MPa；上覆岩层中形成了高度约为 50 m 的塑性区，采空区上方顶板主要为拉伸破坏；3-2 煤层中部出现最大值为 3.2 cm 的沉降。

（3）开采 4-2 煤层后对上覆 3-2 煤层底板应力进一步卸压，4-1 煤层、4-2 煤层采空区侧向支撑应力在采空区两侧上方的 3-2 煤层产生的应力集中变化不大；上覆岩层塑性区进一步向深部扩展，形成了高度大约为 70 m 的塑性区，采空区和 3-2 煤层上方均以拉伸破坏为主；3-2 煤层中部出现 23.4～31.1 mm 的沉降。

（4）顺序开采 4-3 煤层后 3-2 煤层底板竖直应力几乎不变，上覆岩层塑性区也停止向上发育，3-2 煤层中部出现 27～32 mm 的沉降，表明 4-3 煤层开采对 3-2 煤层几乎没有影响。4-1 煤层工作面回采后，在开切眼和停采线外侧形成支撑压力区，应力升高区域范围约为 30 m，峰值均为 6.10 MPa，对应上部的 3-2 煤层也形成了支撑压力区，最大应力值点位于停采线外侧 25 m 处，应力峰值均为 4.13 MPa。

7　Ⅰ01采区3-2煤层上行开采现场实测分析

7.1　顶板"两带"现场探查方法

现有的"两带"确定方法主要有地面钻孔水文观测法、分段注水法、相似模拟试验法、钻孔窥视法、数值模拟分析及经验公式计算法,上述方法都是基于"竖三带"垮落结构特征提出的。特别是钻孔窥视,能够较为直观地给出"两带"的分布范围,较地面钻孔水文观测法、井下仰孔分段注水法更为便捷,施工周期短,对工作面回采影响小。因此,本书采用钻孔窥视法观测4-1煤层上覆岩层的"两带",具体方法如下。

顶板窥视仪能够将镜头深入探查孔,对探查孔的围岩裂隙情况进行探查并记录。该方法在工作面一定区域内向采空区钻孔,钻孔的角度及高度由预先估计的"三带"范围确定。钻孔施工完成后,将钻孔窥视仪镜头深入钻孔,拍摄钻孔中不同位置处的孔壁图像,比对拍摄不同位置处的裂隙分布情况,根据裂隙分布密度和形态判定不同分带的分布范围。钻孔窥视设备及获取的钻孔壁裂隙分布如图7-1所示。

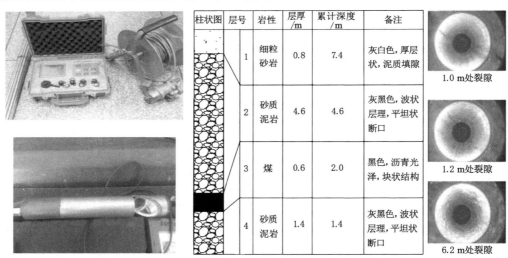

柱状图	层号	岩性	层厚/m	累计深度/m	备注
	1	细粒砂岩	0.8	7.4	灰白色,厚层状,泥质填隙
	2	砂质泥岩	4.6	4.6	灰黑色,波状层理,平坦状断口
	3	煤	0.6	2.0	黑色,沥青光泽,块状结构
	4	砂质泥岩	1.4	1.4	灰黑色,波状层理,平坦状断口

1.0 m处裂隙

1.2 m处裂隙

6.2 m处裂隙

图7-1　钻孔窥视仪及窥视结果示意图

7.2　"两带"观测钻孔施工设计

由Ⅰ01采区Ⅰ01地质说明书可知:4-3煤层与4-2煤层的间距差别较大,大部分区域不属于近距离煤层开采,因而对上方垮落带和裂隙带影响不一,只能具体问题具体分析,在后续开采具体工作面时再研究其垮落带及裂隙带高度。仅对 4-1 煤层开采和 4-1 煤层、4-2 煤层都开采后上覆岩层"两带"发育高度进行研究。

7.2.1　探查 4-1 煤层"两带"高度钻场施工设计

根据双马一矿生产布局,兼顾实测精度和施工方便,为了对 4-1 煤层开采后形成"两带"高度进行预测,选择预测 2009 年回采结束的Ⅰ0104₁05 采空区上覆岩层"两带"发育高度。

Ⅰ0104₁05 采空区位于银川市灵武市与盐池县交接处,北距矿运煤公路 47 m,东北方向距矿生活区 930 m 左右,西南方向距鸳冯路 1 500 m 左右。该工作面对应地表无径流,无建筑物及湖泊等,主要被沙丘所覆盖,工作面停采线以北 30 m 以外对应地表有防护林及少量的植被。Ⅰ0104₁05 采空区位于+1 046 m 水平,是Ⅰ01 采区 4-1 煤层第 4 个工作面,工作面可采推进长度为 2 955.4 m。工作面在Ⅰ0104₁05 回风顺槽Ⅱ段范围内时,倾斜长 282 m,工作面在Ⅰ0104₁05 回风顺槽Ⅰ段范围内时,倾斜长 250.9 m,工作面平均倾斜长 257.5 m,面积为 761 015.5 m²。工作面煤层厚度为 3.73～4.28 m,平均厚度为 3.85 m,工作面工业储量为 382.4 万 t,采用单一走向长壁综合机械化法采煤,采空区管理采用全部垮落法处理。该采空区东部为Ⅰ0104₁06 采空区,西部为Ⅰ0104₁04 综采采空区,南部为Ⅰ01 采区边界泄水巷(Ⅷ段),北部为 4-1 煤运输巷道、回风巷道、辅运巷道三条大巷。Ⅰ0104₁05 采空区位于鸳鸯湖冯记沟背斜东翼,其上部无采掘活动,下部为正在开采的Ⅰ0104₂04 工作面。Ⅰ0104₁05 采空区位置见图 7-2 所示工作面采掘工程平面图。

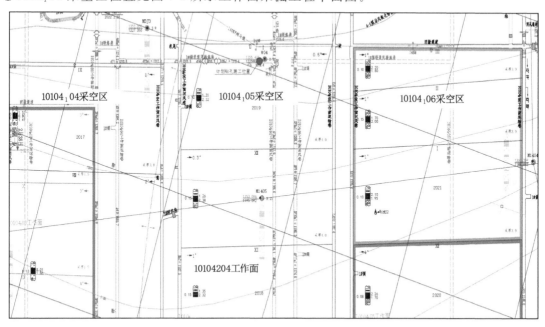

图 7-2　Ⅰ0104105 工作面采掘工程平面图

Ⅰ0104₁05 工作面所在的 4-1 煤层自然厚度变异系数为 25%,煤层结构简单～中等,煤层最大厚度为 4.28 m,最小厚度为 3.73 m,平均厚度为 3.85 m。煤层最大倾角为 26°,最小值为 0°,平均值为 7°。4-1 煤层顶板多数为粉砂岩,厚度为 1.22～26.65 m,平均厚度为 12.8 m,次为细粒砂岩,厚度为 2.75～13.42 m,平均厚度为 11.42 m。底板岩性以泥岩为主,厚度为 0.79～6.88 m,平均厚度为 4.0 m,次为粉砂岩,厚度为 3.2～7.83 m,平均厚度为 5.83 m。4-1 煤层含不稳定夹矸 0～4 层,夹矸总厚度为 0.1～0.61 m,夹矸岩性为炭质泥岩、泥岩、粉砂岩。

Ⅰ0104₁05 综采工作面煤层顶、底板条件见表 7-1。

表 7-1 煤层顶、底板条件

顶板名称	岩石名称	厚度/m	岩性特征
基本顶	细粒砂岩	2.75～13.42	浅灰色,细粒结构,成分以石英、长石为主,分选性中等,$f=3～3.5$
		5.81	
直接顶	粉砂岩	1.22～26.65	深灰色,中薄层状,局部含泥质条带及薄层,$f=1.4～3.0$
		12.8	
伪顶			
直接底	泥岩	0.79～6.88	灰黑色,以泥质为主,具有斜层理,$f=1.4～2.8$

依据Ⅰ0104₁05 工作面回采地质说明书、采掘工程平面图等有关图件,考虑到便于施工及"两带"测试的精确度,钻场一选取观测钻孔施工地点为Ⅰ0104₂04 工作面 1# 掘进通风措施巷道内,钻场一主要探查Ⅰ0104₁05 采空区上覆岩层"两带"发育高度。

由初采至充分采动过程中"三带"发育处于动态过程,在对"三带"测量时要确定测试位置岩层运动进入稳定状态。钻孔位置上方对应的Ⅰ0104₁05 工作面已经于 2019 年采完,且停采线位于 1# 掘进通风措施巷道北部,因而该采空区已经稳定,结合井下勘查结果和施工条件,最终确定钻场施工位置为Ⅰ0104₂04 工作面 1# 掘进通风措施巷道内,具体位置如图 7-3 所示。

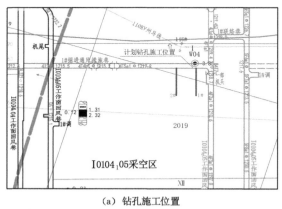

(a) 钻孔施工位置

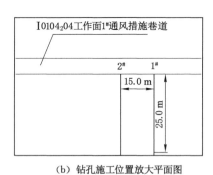

(b) 钻孔施工位置放大平面图

图 7-3 窥视钻孔施工位置

钻孔设计前要预先估计"三带"的分布情况,同时要考虑钻孔尽量靠近顶板垮落线,这一区域能够较明显地观测各分带的特征。初步设计 2 个观测孔,钻孔设计依据预估的垮落带范围及裂隙带范围,其中 1# 钻孔和 2# 钻孔穿过裂隙带和完全下沉带分界线。结合钻机施工空间,钻机最大打钻角度能达到 64°,最终给出钻孔空间分布如图 7-4 所示。钻孔施工参数见表 7-2。

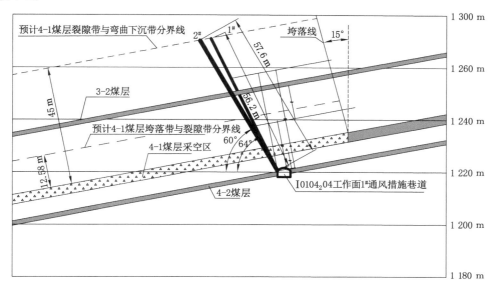

图 7-4   4-1 煤层顶板两带窥视钻孔设计示意图

表 7-2   4-2 煤层窥视钻孔设计参数

钻孔号	开孔位置	方位角/(°)	倾角/(°)	钻孔长度/m
1#	距底板 3.0 m 处	163	64	56.2
2#	距底板 3.0 m 处	163	60	57.6

7.2.2 探查 4-1 煤层、4-2 煤层"两带"高度钻场施工设计

根据双马一矿生产布局,兼顾实测精度和施工方便,为了对 4-1 煤层、4-2 煤层都开采后形成的"两带"高度进行预测,选择预测 2016 年回采结束的 Ⅰ0104₁03 采空区及 2019 年回采结束的其正上方 Ⅰ0104₂02 采空区上覆岩层"两带"的发育高度。

Ⅰ0104₁03 采空区位于银川市灵武县与盐池县交接处距矿生活区西南面 1 400 m 左右处,距鸳冯路东侧 1 200 m 左右,在鸳冯路通往矿生活区东面。其中有 3 条以上的小路从工作面上部通过。工作面上部无地表径流,无建筑物及湖泊等,主要被沙丘所覆盖,有少量的植被。

Ⅰ0104₁03 工作面上部暂无采掘活动,此工作面西面为 Ⅰ0104₁02 采空区,东面为 Ⅰ0104₁04 采空区。工作面西南面为 F₁、F₆₄ 断层及边界泄水巷,其东面为鸳鸯湖冯记沟背斜,北面为矿井 4-1 煤层回风、运输大巷及回风斜井。该采空区走向长度为 1 506 m,倾斜长度为 268.5 m,面积为 404 361 m²。图 7-5 为 Ⅰ0104₁03 工作面采掘工程平面图。

Ⅰ0104₁03 工作面所在的 4-1 煤层自然厚度变异系数为 25%,煤层结构较稳定,煤层最大厚度为 4.45 m,最小厚度为 3.60 m,平均厚度为 3.85 m。煤层最大倾角为 35°,最小值为

6°,平均值为 20.5°。4-1 煤层顶板多数为粉砂岩,厚度为 4.83～17.72 m,平均厚度为 13 m,次为细粒砂岩,厚度为 1.2～4.2 m,平均厚度为 3.2 m。底板岩性以泥岩为主,厚度为 2.38～6.88 m,平均厚度为 5.15 m。4-1 煤层含不稳定夹矸,夹矸岩性为炭质泥岩、泥岩、粉砂岩。

Ⅰ0104₁03 综采工作面煤层顶、底板条件见表 7-3。

表 7-3　Ⅰ0104₁03 综采工作面煤层顶、底板条件

顶底板名称	岩石名称	厚度/m	岩性特征
基本顶	细砂岩	1.2～4.2	浅灰色,细粒结构,以石英、长石为主,分选性中等,$f=3.0～3.5$
		3.1	
直接顶	粉砂岩	4.83～17.72	灰、深灰色中薄层状,局部含泥质条带及薄层,
		13	$f=1.4～3.6$
伪顶			
直接底			
基本底	泥岩	2.38～6.88	灰黑色,以泥岩为主,具有斜层理,$f=1.4～2.8$

Ⅰ0104₂02 采空区位于银川市灵武市与盐池县交接处,北距矿运煤公路 128 m,东北方向距矿生活区 1 559 m 左右,西南方向距鸳冯路 1 073 m 左右,距地表垂直深度为 163～343 m。Ⅰ0104₂02 综采工作面位于鸳鸯湖冯记沟背斜西翼,工作面上部为 4-1 煤层 Ⅰ0104₁02、Ⅰ0104₁03 工作面采空区,下部为未开拓煤岩系地层,该工作面东部为 Ⅰ0104₁03 采空区,西部为 4-2 煤层未开拓煤层,西南及南部为 F₁ 逆断层,北部为 4-3 煤层通风措施巷道、4-3 煤层运输巷道。Ⅰ0104₂02 采空区走向长度为 1 356.1 m,倾斜长度为 236 m,面积为 319 734.6 m²。Ⅰ0104₂02 综采工作面所对应的地面区域大部分为戈壁沙丘,在工作面停采线以北 119 m 以外对应地表有防护林、少量植被以及矿运煤公路,工作面停采线以北留设保安煤柱,因此,回采对地面设施无影响。Ⅰ0104₂02 采空区位置如图 7-5 所示。

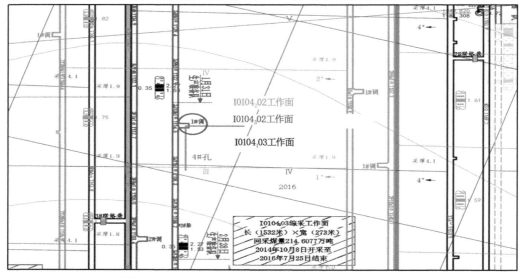

图 7-5　Ⅰ0104₁03、Ⅰ0104₂02 工作面采掘工程平面图

Ⅰ0104₂02工作面所在的4-2煤层自然厚度变异系数为25%,煤层结构稳定,煤层最大厚度为2.8 m,最小厚度为1.35 m,平均厚度为1.67 m。煤层最大倾角为23°,最小值为7°,平均值为11°。工作面中部较薄,南北较厚。4-2煤层顶板多数为泥岩,厚度为5.14～6.27 m,平均厚度为5.81 m,其次为粉砂岩砂岩,厚度为4.35～5.17 m,平均厚度为4.76 m。底板岩性以泥岩为主,厚度为3.13～4.6 m,平均厚度为3.86 m,其次为粉砂岩,厚度为7.7～12.49 m,平均厚度为10.22 m。其中回撤通道处煤层倾角为10°～12°,平均值为11°,与上部采空区层间距为4.8～5.5 m,平均值为5 m。综上所述,4-2煤为中厚煤层,不含夹矸,层位稳定,结构简单,煤类单一,为不黏煤,在工作面内全部为可采的稳定煤层。

Ⅰ0104₂02综采工作面煤层顶、底板条件见表7-4。

表7-4　Ⅰ0104₂02工作面煤层顶、底板条件

顶底板名称	岩石名称	厚度/m	岩性特征
基本顶			
直接顶	泥岩	5.14～6.27	深灰至灰黑色,厚层状构造,以泥质为主,致密,见植物化石,半坚硬,具有斜层理,2.8≥f≥1.4
		5.81	
伪顶			
直接底	泥岩	3.13～4.6	深灰至灰黑色,厚层状构造,以泥质为主,致密,见植物化石,半坚硬,具有斜层理,2.8≥f≥1.4

依据Ⅰ0104₁03工作面回采地质说明书、Ⅰ0104₂02工作面回采地质说明书、采掘工程平面图等有关图件,考虑到便于施工及"两带"测试的精确度,钻场二所在位置为Ⅰ0104₃02工作面进风巷道1#调车硐室,钻场二主要探查上方采空区Ⅰ0104₂02工作面和Ⅰ0104₁03工作面上覆岩层"两带"发育高度,具体位置如图7-6所示。

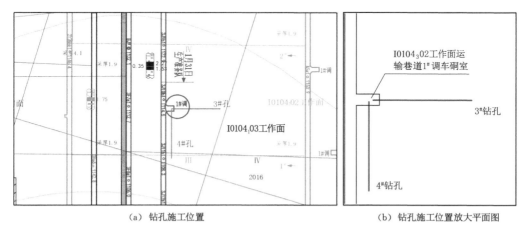

（a）钻孔施工位置　　　　　　　　（b）钻孔施工位置放大平面图

图7-6　钻场二位置示意图

钻孔设计前要预先估计"三带"的分布情况,同时钻孔尽量靠近顶板垮落线,这个区域能够较明显地观测各分带的特征。初步设计2个观测孔,钻孔设计根据预估的垮落带范围及

裂隙带范围,3#、4#钻孔进入垮落带和裂隙带,钻孔施工参数如图 7-7 所示。钻孔施工参数见表 7-5。

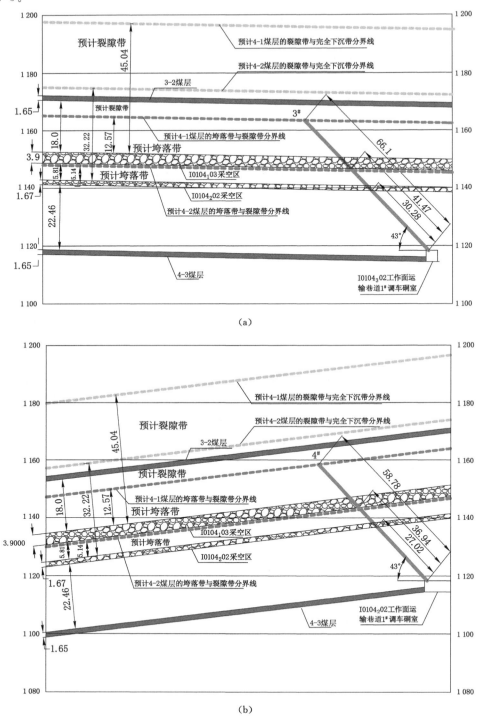

(a)

(b)

图 7-7 4-2 煤层顶板"两带"窥视 3#、4# 钻孔设计示意图

表 7-5　　4-3 煤层窥视钻孔设计参数

钻孔号	开孔位置	方位角/(°)	倾角/(°)	钻孔长度/m
3#	距底板 3.0 m 处	253	43	66.1
4#	距底板 3.0 m 处	163	43	58.78

7.3　封孔施工设计

钻孔封孔质量直接影响矿井的安全生产,必须高度重视,切实做好此项工作。封孔材料采用水泥砂浆,采用水泥封孔泵将水泥砂浆打入孔内深处,待水泥固化后起密封作用,具体要求如下:

(1) 完成各项探测工作后,各钻孔均要求封孔,封孔长度要求大于 10 m,封孔段要求完全被水泥浆填实,以确保钻孔封孔质量。

(2) 封孔水泥要求用强度等级为 P.O.42.5 的硅酸盐水泥,所用水泥不能超过储存期和受潮结块,要用不含酸性和杂质的清水。

(3) 采用水泥砂浆封孔时在孔口处安好截止装置,用 1 根回浆管检验其封孔长度。

7.4　"两带"观察钻孔窥视结果

按照上述观测钻孔施工设计进行了现场施工与观测,得到 1# 钻孔的窥视视频部分截图,如图 7-8 所示,从图中可以看出:当窥视探头进入至 6.08 m 时见到煤,说明该区域进入Ⅰ0104₁05 采空区,当窥视探头向内延伸到 19.1 m 时,该区段孔壁整体布满了纵向裂隙、横向裂隙,围岩结构破碎,钻孔内出现大量崩塌区域,崩落的岩块散落在钻孔内部,表明这一段为Ⅰ0104₁05 采空区及其形成的垮落带。孔深从 19.1 m 至 39.39 m 这一段钻孔孔壁有少许环向裂隙,且裂隙逐渐减少,孔壁完整,因此可以判定该段处于裂隙带范围内。从 39.39 m 至孔底(52.36 m)孔壁完整,未见裂隙,此段处于弯曲下沉带范围内。

(a)　6.08 m　　　　　　　(b)　7.32 m　　　　　　　(c)　13.41 m

图 7-8　1# 钻孔窥视结果

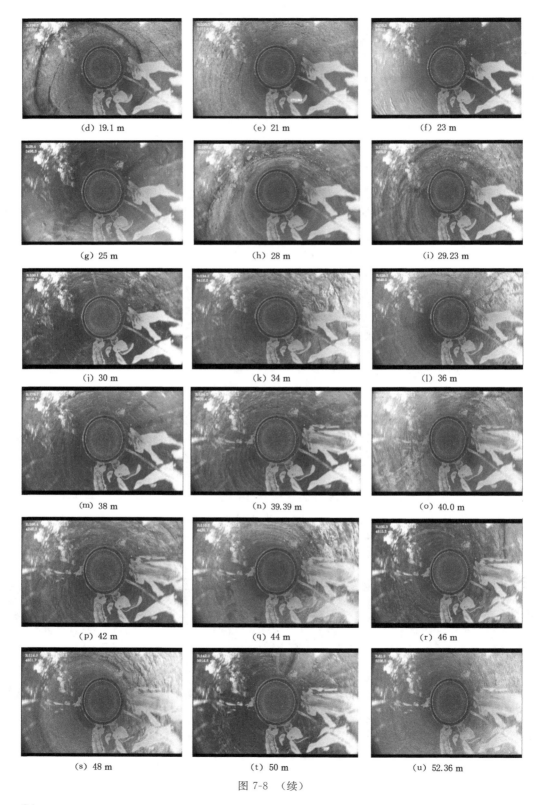

图 7-8 （续）

根据 1# 钻孔轨迹,最大方位角为 163°,设计倾角为 64°,钻孔实际深度为 52.36 m,按平均仰角校正垮落带高度为 8.8 m,导水裂隙带高度为 28.48 m。将以上窥视结果绘制成图,如图 7-9 所示。由图 7-9 可知:4-1 煤层垮落带高度与煤层厚度比 8.8/3.85=2.28,4-1 煤层导水裂隙带高度与煤层厚度比 28.48/3.85=7.40。同时可以看出:3-2 煤层处于 4-1 煤层顶板裂隙带中,该煤层底板距离 4-1 煤层垮落带约 9.82 m。

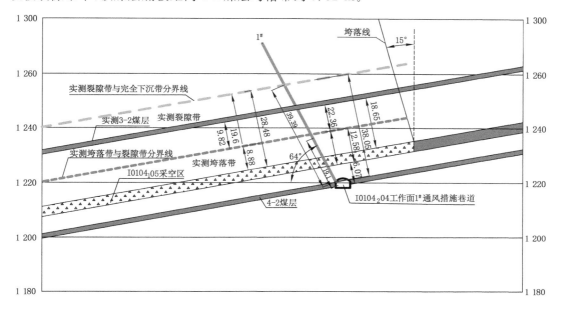

图 7-9 4-1 煤层顶板"两带"窥视 1# 钻孔成果图

按照上述观测钻孔施工设计进行了现场施工与观测,得到 2# 钻孔的窥视视频部分截图,如图 7-10 所示。由图 7-10 可以看出:2# 钻孔从开孔直至 5.12 m 处孔壁完整,说明该区段围岩没有受到采动影响,随着钻孔向内延伸,孔壁出现少许的环向裂隙,但孔壁比较完整,这是由于受到 Ⅰ0104₁05 工作面开采后底板受到了一定程度的采动影响。当窥视探头延伸至 6.5 m 时见煤,说明已进入 Ⅰ0104₁05 采空区,当窥视探头向内延伸到 19.2 m 时,这一段孔壁整体布满了纵向裂隙、横向裂隙,围岩结构破碎,钻孔内出现大量崩塌区域,崩落的岩块散落在钻孔内部,表明这一段为 Ⅰ0104₁05 采空区及其形成的垮落带。从孔深 19.2 m 至 39.97 m 这一段钻孔孔壁有少许环向裂隙,且裂隙逐渐减少,孔壁完整,因此可以判定该段为裂隙带范围。从 39.97 m 至孔底(43.03 m)孔壁完整,未见裂隙,此段处于弯曲下沉带范围内。

 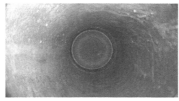 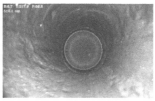

(a) 1.0 m   (b) 2.57 m   (c) 5.12 m

图 7-10 2# 钻孔窥视图

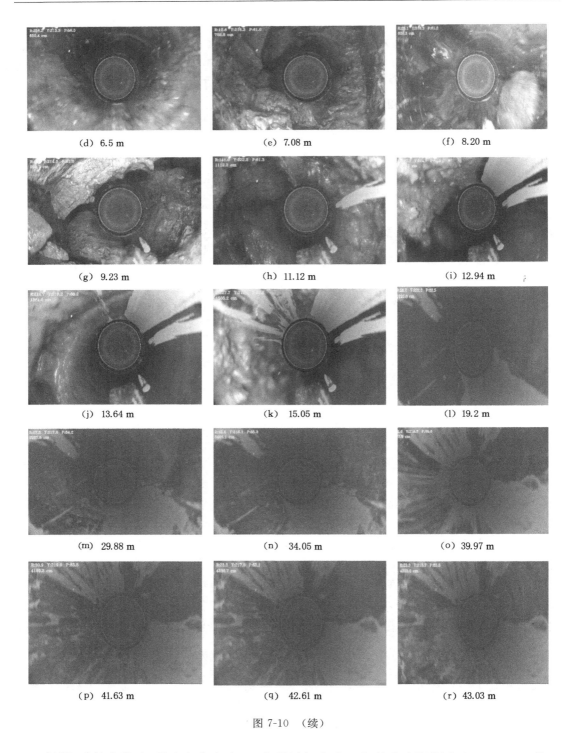

(d) 6.5 m

(e) 7.08 m

(f) 8.20 m

(g) 9.23 m

(h) 11.12 m

(i) 12.94 m

(j) 13.64 m

(k) 15.05 m

(l) 19.2 m

(m) 29.88 m

(n) 34.05 m

(o) 39.97 m

(p) 41.63 m

(q) 42.61 m

(r) 43.03 m

图 7-10 (续)

根据 2# 钻孔轨迹，最大方位角为 163°，设计倾角为 64°，钻孔实际深度为 43.03 m，将以上窥视结果绘制成图，如图 7-11 所示，按平均仰角校正垮落带高度为 8.6 m，导水裂隙带高度为 28.66 m。由图 7-11 可知:4-1 煤层垮落带高度与煤层厚度比为 8.6/3.85＝2.23,4-1 煤层导水裂隙带高度与煤层厚度比为 28.66/3.85＝7.44。同时可以看出:3-2 煤层处于 4-1 煤层顶板裂隙带中,该煤层底板距离 4-1 煤层垮落带约 9.72 m。

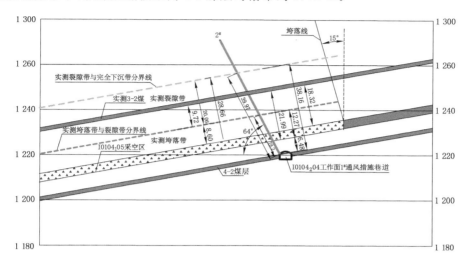

图 7-11   4-1 煤层顶板"两带"窥视 2# 钻孔成果图

图 7-12 为 4-1 煤层和 4-2 煤层共同开采后"两带"窥视截图。由图 7-12 可以看出:3# 钻孔从开孔直至 24.97 m 之前钻孔孔壁完整,说明该区段围岩没有受到采动影响。当窥视探头进入钻孔深度 24.97 m 以后,这一段孔壁整体布满了纵向裂隙、横向裂隙,围岩结构破碎,钻孔内出现大量崩塌区域,崩落的岩块散落在钻孔内部,表明已进入Ⅰ0104₂02 采空区及其形成的垮落带。当钻孔深度为 30.63 m(见 4-1 煤层处)时,钻孔孔壁又出现了纵向裂隙、横向裂隙,围岩结构破碎,钻孔内出现大量崩塌区域,该区段进入 4-1 煤层采空区及垮落带,当孔深为 47.65 m 以后,钻孔周围破碎情况好转,主要以横向裂隙、纵向裂隙为主,孔壁完整,因此可以判定该段已进入裂隙带范围内,由于是施工原因,后期窥视困难,裂隙带范围未能测出。

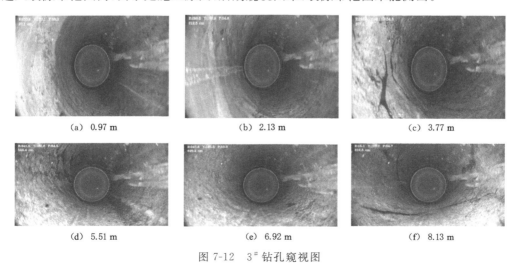

| (a) 0.97 m | (b) 2.13 m | (c) 3.77 m |
| (d) 5.51 m | (e) 6.92 m | (f) 8.13 m |

图 7-12   3# 钻孔窥视图

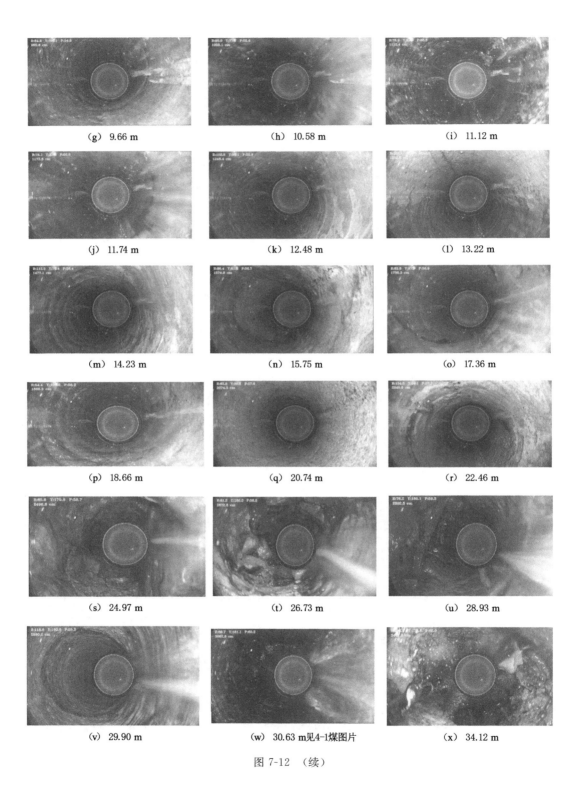

(g) 9.66 m

(h) 10.58 m

(i) 11.12 m

(j) 11.74 m

(k) 12.48 m

(l) 13.22 m

(m) 14.23 m

(n) 15.75 m

(o) 17.36 m

(p) 18.66 m

(q) 20.74 m

(r) 22.46 m

(s) 24.97 m

(t) 26.73 m

(u) 28.93 m

(v) 29.90 m

(w) 30.63 m见4-1煤图片

(x) 34.12 m

图 7-12 （续）

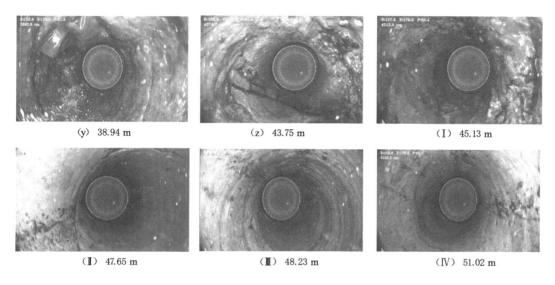

(y)　38.94 m　　　　　(z)　43.75 m　　　　　(I)　45.13 m

(II)　47.65 m　　　　　(III)　48.23 m　　　　　(IV)　51.02 m

图 7-12　(续)

　　根据 3# 钻孔轨迹,最大方位角为 163°,施工倾角为 58°,钻孔实际深度为 51.02 m。将以上窥视结果绘制成图,如图 7-13 所示。由图 7-13 可知:4-1 煤层形成的垮落带高度为 8.72 m,由于 4-2 煤层垮落带已进入 4-1 煤层形成的垮落带,4-2 煤层垮落带、裂隙带高度均与 4-1 煤层垮落带和裂隙带叠加,因此,其分界线都位于 4-1 煤层形成的“两带”的最大标高处,4-2 煤层形成的复合垮落带高度为 17.26 m,3-2 煤层处于 4-1 煤层顶板裂隙带中,该煤层底板距离 4-1 煤层垮落带约 9.68 m。

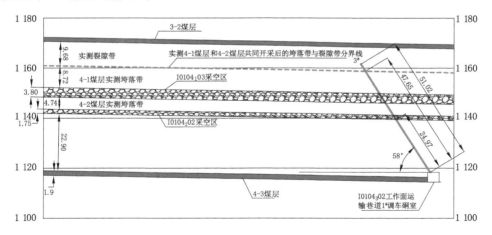

图 7-13　4-2 煤层和 4-1 煤层顶板“两带”窥视 3# 钻孔成果图

　　图 7-14 为 4-1 煤层和 4-2 煤层共同开采后“两带”窥视截图。由图 7-14 可以看出:4# 钻孔从开孔直至 20.73 m 处孔壁完整,说明该区段围岩没有受到采动影响,随着钻孔向内延伸,孔壁出现少许的环向裂隙,但孔壁比较完整,这是由于受到 4-2 煤层开采后底板受到了一定程度的采动影响。当窥视探头进入钻孔深度为 24.15 m 时,这一段孔壁整体布满了纵

向裂隙、横向裂隙,围岩结构破碎,钻孔内出现大量崩塌区域,崩落的岩块散落在钻孔内部,表明这一段为Ⅰ0104_202采空区及其形成的垮落带。当钻孔深度为30.41 m(见4-1煤层处)时,钻孔孔壁又出现了纵向裂隙、横向裂隙,围岩结构破碎,钻孔内出现大量崩塌区域,该区段进入Ⅰ0104_103采空区及垮落带,当孔深为45.51 m以后,钻孔周围破碎情况好转,主要以横向裂隙、纵向裂隙为主,孔壁完整,因此可以判定该段已进入裂隙带范围,由于是施工原因,后期窥视困难,裂隙带范围未能测出。

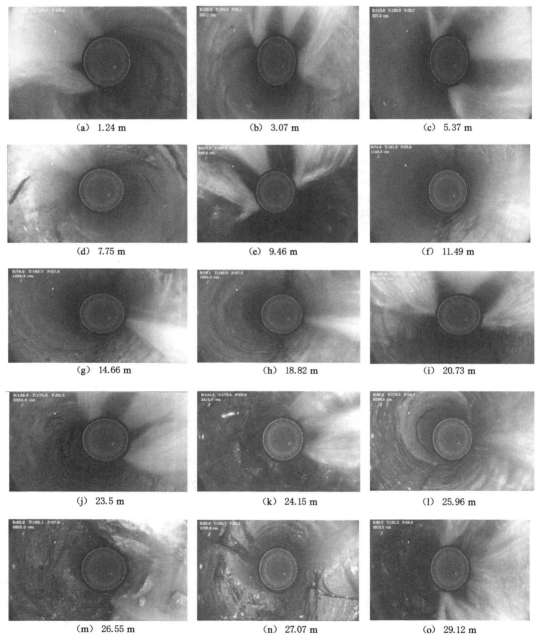

(a) 1.24 m	(b) 3.07 m	(c) 5.37 m
(d) 7.75 m	(e) 9.46 m	(f) 11.49 m
(g) 14.66 m	(h) 18.82 m	(i) 20.73 m
(j) 23.5 m	(k) 24.15 m	(l) 25.96 m
(m) 26.55 m	(n) 27.07 m	(o) 29.12 m

图 7-14　4# 钻孔窥视图

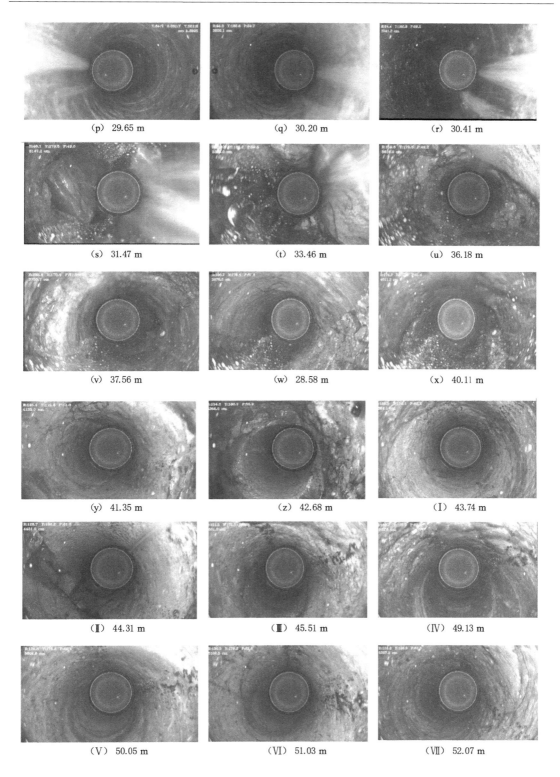

(p)　29.65 m　　　　(q)　30.20 m　　　　(r)　30.41 m

(s)　31.47 m　　　　(t)　33.46 m　　　　(u)　36.18 m

(v)　37.56 m　　　　(w)　28.58 m　　　　(x)　40.11 m

(y)　41.35 m　　　　(z)　42.68 m　　　　（Ⅰ）　43.74 m

（Ⅱ）　44.31 m　　　　（Ⅲ）　45.51 m　　　　（Ⅳ）　49.13 m

（Ⅴ）　50.05 m　　　　（Ⅵ）　51.03 m　　　　（Ⅶ）　52.07 m

图 7-14　（续）

根据 4# 钻孔轨迹,最大方位角为 163°,施工倾角为 58°,钻孔实际深度为 52.07 m,将以上窥视结果绘制成图,如图 7-15 所示。由图 7-15 可知:4-1 煤层形成的垮落带高度为 8.02 m,由于 4-2 煤层垮落带已进入 4-1 煤层形成的垮落带,4-2 煤层垮落带、裂隙带高度均与 4-1 煤层垮落带和裂隙带叠加,因此,其分界线都位于 4-1 煤层形成的"两带"的最大标高处,4-2 煤层形成的复合垮落带高度为 17.44 m,3-2 煤层处于 4-1 煤层顶板裂隙带中,该煤层底板距离 4-1 煤层垮落带约 8.87 m。

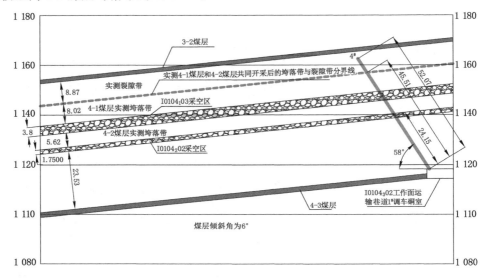

图 7-15　4-2 煤层和 4-1 煤层顶板两带窥视 4# 钻孔成果图

7.5　本章小结

（1）对 Ⅰ01 采区 4-1 煤层及 4-1 煤层、4-2 煤层开采后上覆顶板"两带"发育高度的两个钻场施工方案进行了设计,钻场一主要探查 Ⅰ0104₁05 工作面开采后上覆岩层"两带"发育高度,钻场二主要探查 Ⅰ0104₂02 和 Ⅰ0104₁03 工作面同时开采后上覆岩层"两带"发育高度。

（2）通过跟踪钻场一的 1# 钻孔轨迹,最大方位角为 163°,施工倾角为 64°,钻孔深度为 52.36 m,按平均仰角校正垮落带高度为 8.8 m,导水裂隙带高度为 28.48 m。3-2 煤层处于 4-1 煤层顶板裂隙带中,该煤层底板距离 4-1 煤层垮落带约 9.82 m。

（3）通过跟踪钻场二的 2# 钻孔轨迹,最大方位角为 163°,施工倾角为 64°,钻孔深度为 43.03 m,按平均仰角校正垮落带高度为 8.6 m,导水裂隙带高度为 28.66 m。3-2 煤层处于 4-1 煤层顶板裂隙带中,该煤层底板距离 4-1 煤层垮落带约 9.72 m。

（4）根据 3# 钻孔轨迹,最大方位角为 163°,施工倾角为 58°,钻孔实际深度为 51.02 m,4-1 煤层形成的垮落带高度为 8.72 m,4-2 煤层垮落带已进入 4-1 煤层形成的垮落带范围内,4-2 煤层垮落带、裂隙带高度均与 4-1 煤层垮落带和裂隙带叠加,因此其分界线都位于 4-1 煤层形成的"两带"的最大标高处,4-2 煤层形成的叠加垮落带高度为 17.26 m,3-2 煤层处于 4-1 煤层顶板裂隙带中,该煤层底板距离 4-1 煤层垮落带约 9.68 m。

（5）根据 4# 钻孔轨迹，最大方位角为 163°，施工倾角为 58°，钻孔实际深度为 52.07 m，4-1 煤层形成的垮落带高度为 8.02 m，4-2 煤层垮落带已进入 4-1 煤层形成的垮落带，4-2 煤层垮落带、裂隙带高度均与 4-1 煤层垮落带和裂隙带叠加，其分界线都位于 4-1 煤层形成的"两带"的最大标高处，4-2 煤层形成的叠加垮落带高度为 17.44 m，3-2 煤层处于 4-1 煤层顶板裂隙带中，该煤层底板距离 4-1 煤层垮落带约 8.87 m。

8　Ⅰ01 采区 3-2 煤层上行开采安全技术措施

前文通过理论计算、相似模拟试验、数值模拟及现场实测的方法论证了 3-2 煤层可采用上行开采的方法,但 3-2 煤层及其顶、底板在前期的开采活动中可能已经出现一定的塑性变形,(煤)岩层内裂隙较为发育,4 煤组采空区上方 3-2 煤层工作面在掘进及回采期间可能会面临矿压显现强烈、底板台阶下沉、巷道围岩破碎、变形量大及 4 煤组采后采空区有毒有害气体影响 3-2 煤层开采的问题,因此,采空区上方 3-2 煤层工作面的合理布置应尽量降低对下部工作面采动的影响,同时在采空区上方 3-2 煤层工作面采掘期间还应制定 4 煤组采后对 3-2 煤层高效掘进、回采的安全技术措施。

8.1　Ⅰ01 采区 3-2 煤层基本概况

Ⅰ01 采区内 3-2 煤层埋深为北浅南深。煤层的开采上限约为 +1 240 m,开采下限约为 +800 m,煤层埋藏平均深度为 300 m。煤层由北向南埋深逐渐增大,至采区最后一个区段,煤层埋深为 500 m 左右。3-2 煤层为主要可采煤层之一,上距 3-1 煤层 21.89 m,可采厚度为 0.80~1.84 m,平均厚度为 1.36 m,煤层结构简单,全区基本可采。煤层顶板岩性多数为粉砂岩,次为细粒砂岩及泥岩,少量的中、粗粒砂岩,厚度为 0.38~21.77 m,天然状态下抗压强度为 29.54 MPa,天然状态下抗拉强度为 1.96 MPa,弹性模量为 0.99 GPa,泊松比为 0.20。为不稳定岩体。底板岩性以粉砂岩为主,其次为细粒砂岩,厚度为 0.32~15.89 m。天然状态抗压强度为 16.70 MPa,天然状态下抗拉强度为 1.81 MPa,弹性模量为 1.39 GPa,泊松比为 0.20。岩石强度较低,抗水、抗风化和抗冻能力较差,易软化。Ⅰ01 采区内对开采产生影响的地质构造有 EF_2、EF_{48} 断层。

Ⅰ01 开采区 3-2 煤层设计可采资源储量为 11.52 Mt,矿井目前的工作制度为年工作日 330 d,采用三班工作制,每日二班采煤、一班准备,日净提升时间为 16 h。因此,本次 3-2 煤层工作面工作制度维持采区工作制度不变。结合本矿井薄煤层赋存条件和国内薄煤层工作面生产能力现状,确定Ⅰ01 采区 3-2 煤层工作面设计生产能力为 0.50 Mt/a,可采储量为 11.52 Mt,储量备用系数选取 1.5,3-2 煤层服务年限计算如下:

$$T = \frac{Z_K}{A \cdot K} \tag{8-1}$$

式中,T 为Ⅰ01 采区薄煤层服务年限,a;Z_K 为Ⅰ01 采区薄煤层可采储量,Mt;A 为设计年产量,Mt/a;K 为储量备用系数,$K = 1.5$。

将有关数据代入公式得:

$$T = 15.4 \ a$$

3-2 煤层采用走向长壁后退式采煤方法,综合机械化一次采全高采煤工艺,采用全部垮落法管理顶板。

8.2　Ⅰ01 采区 3-2 煤层巷道布置方式研究

8.2.1　巷道布置方式分类

采用上行开采,在对上位煤层进行卸压的同时降低了上位煤层回采巷道的围岩强度,有可能造成上位煤层回采巷道维护更加困难。当下位煤层的开采造成的上位煤层巷道应力降低幅度大于其围岩强度降低幅度时,上行卸压开采对上位煤层的回采巷道维护是有利的,可以保证上位煤层工作面的安全生产。若下位煤层的开采造成的上位煤层巷道应力降低幅度小于其围岩强度降低幅度时,上行卸压开采对上位煤层的回采巷道维护是不利的,难以保证上位煤层工作面的安全生产。一般情况下,若上位煤层的回采巷道位于下位煤层开采后的缓沉带或弱裂隙带中,则上位煤层回采巷道围岩强度的降低不明显,而应力的降低比较突出,有利于巷道维护;若上位煤层的回采巷道位于下位煤层开采后的冒落带或强裂隙带中,则上位煤层回采巷道围岩强度的降低比较明显,而应力的降低不突出,巷道维护困难。

根据 4-1 煤层和 3-2 煤层巷道的立体分布关系,上行开采中 4-3 煤层两巷布置方式有外错布置、内错布置、重叠布置和内外错组合布置四种。4 种布置方式主要受下部煤层开采后形成的裂隙带形态影响,应尽量使上部煤层巷道处于裂隙带影响范围之外或者裂隙带发育稳定区,而避免使巷道处于岩层拉伸变形量最大以及裂隙发育程度高的区域。

(1) 外错式布置

上层煤工作面两个回采巷道位于下部煤层留设的区段煤柱上方,区段煤柱形成梯形,煤柱宽度减小,上层工作面长度增大。虽然工作面的煤炭回收率相对较高,但顺槽处于高应力集中区,巷道维护难度及费用增加。如图 8-1(a)所示。

(2) 内错式布置

上煤层回采巷道处于下煤层开采的采空区上方,区段之间形成倒梯形,由于区段煤柱宽度加大,上层工作面长度也随之缩短,工作面煤炭损失量相对较大。但是上层回采巷道在采空区低应力下掘进,巷道易于掘进与维护。如图 8-1(b)所示。

(3) 重叠式布置

上、下两个顺槽位于下煤层工作面顺槽的正上方,上、下煤层工作面长度相等,这样可以使上、下煤层之间不留煤柱,减少煤的损失,受下煤层支撑压力影响较明显,巷道稳定性不易维护。如图 8-1(c)所示。

(4) 内外错组合布置

为了保证工作面长度,尽量减少煤柱损失,可以在上煤层采用内外错组合布置的方式,即运输顺槽布置在采空区上,回风顺槽布置在下层煤煤柱下。如图 8-1(d)所示。

从我国近距离煤层群上行开采实践来看,内错、外错布置方式运用较多,重叠布置相对较少。在下层煤开采后或者上、下煤层群联合开采时,上层煤回采工作面及两顺槽均要受到下层煤工作面开采后造成的强烈的矿压影响。采用外错布置方式,上层煤顺槽处于下层煤遗留煤柱的应力增高区内,工作面尤其是两顺槽维护与掘进困难,巷道返修率高,维护成本大幅度增加,安全隐患增加;采用内错布置时,应力相对较低,维护难度及成本相对较低;重叠布置可以看作内错布置方式内错距离为零的特殊情况,当上、下煤层群距离较小(一般为极近距离,0～3.5 m)时,由于下层煤在回采时上煤层工作面顺槽底板基本遭到破坏,上层煤掘进与支护时比较困难,在此条件下不宜重叠布置,而在煤层间距离较大时可以采用重叠布置,这样既可以避免上层煤煤柱造成的明显的集中应力影响,又可以少留设煤柱,提高煤层回收率。

双马一矿近距离煤层平均间距为 20 m,3-2 煤层埋深约为 300 m,上煤层工作面回采时矿压显现比较明显。

上煤层采用外错布置时,下煤层工作面回采后遗留在煤柱间的应力集中很明显,传递到上煤层煤柱间的压力尤其强烈,今后上煤层顺槽掘进与维护会受到两次采动影响,生产难度与成本显著增加。

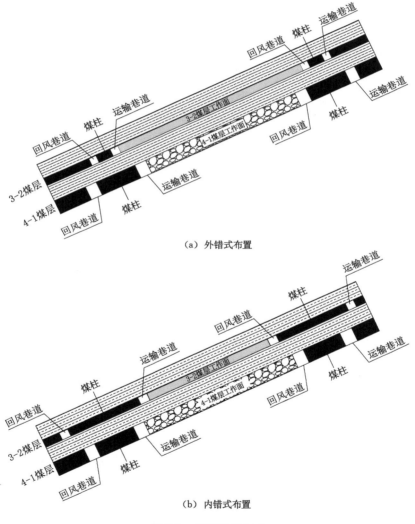

(a) 外错式布置

(b) 内错式布置

图 8-1　巷道布置方式

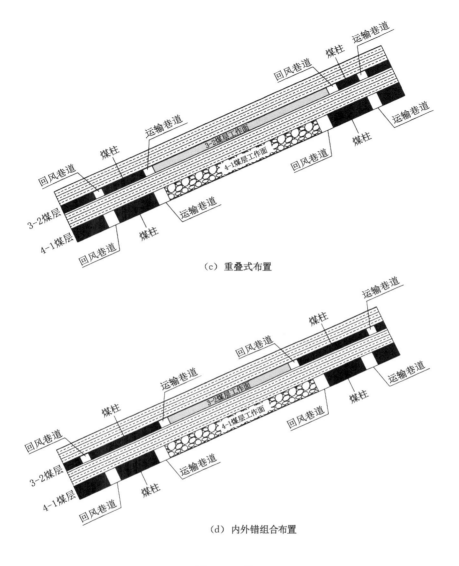

（c）重叠式布置

（d）内外错组合布置

图 8-1　（续）

上煤层巷道选用内错布置时存在留设煤柱过大、工作面煤柱损失量大、回收率低等缺点。对于煤炭这一不可再生资源不断减少、日益枯竭的状态而言，提高煤炭的资源回收率日益重要与迫切，因此，在合适的条件下要尽量避免采用内错布置，减少资源损失。

上煤层采用重叠布置介于外错与内错之间，既可以避开煤柱的高应力集中区，又可以相对缩小煤柱宽度，相对提高工作面回收率。由于下层煤在回采时上煤层工作面顺槽底板基本遭到破坏，上层煤掘进与支护时比较困难，因此双马一矿极近距离煤层不适合采用重叠布置方式。

随着科技进步及材料设备的不断完善，近年来，近距离煤层巷道布置时，各煤层间保护煤柱的宽度呈现越来越小的趋势。但不论煤柱宽度多大，均不可避免要经受应力集中和工作面回收率等问题，为工作面布置及参数的优化带来新的课题。下面就理论分析、数值模拟做进一步的研究。

8.2.2 下部采空区影响边界分析研究

根据对 4-1 煤层工作面采后覆岩"两带"高度的研究,4-1 煤层工作面采后覆岩裂隙带发育高度为 28.66 m,采区内 3-2 煤层与 4-1 煤层平均层间距为 22.2 m,可以判断 3-2 煤层处于 4-1 煤层采后形成的裂隙带范围内。而根据现场实测裂隙带内分区特征,3-2 煤层所属的岩层组属于一般开裂区,处于裂隙带下部范围,围岩破坏程度较低,因此在该区域布置 3-2 煤层的回采巷道具有较高的可行性。

下部煤层采空后,受下部采空区影响,上部煤层及其围岩会发生较大范围的变形移动。上部煤层在倾向长度方向上可以划分为边界影响区、下沉稳定影响区、边界影响区。由图 8-2 可知:下部煤层开采后,上部煤层会在采空区两侧范围内构成边界影响区,根据覆岩运动理论,下伏煤层在充分采动后,上覆岩层最终会形成一个下沉盆地,在下沉盆地的两侧边界影响区是岩层拉伸变形最严重的区域,拉应力水平较为集中,使得该区域也是岩层裂隙发育程度较高的部位,此范围内煤层及其围岩移动变形较大,可能会发生拉伸破坏,在此范围内布置回采巷道容易造成巷道围岩失稳,不易支护;而上部煤层会在采空区中部范围内整体下沉,水平方向上移动较小,此范围内煤层保持了良好的连续性和完整性。因此,需计算出边界影响区范围,避开此范围布置巷道。

下部边界影响区的斜长为:

$$L_x = H[\cot \beta_0 + \cot \alpha_0] \tag{8-2}$$

上部边界影响区的斜长为:

$$L_s = H[\cot \beta_1 + \cot \alpha_1] \tag{8-3}$$

式中,H 为上部煤层与下部煤层之间的层间距;α 为煤层倾角;β_0,β_1 为边界角;α_0,α_1 为充分采动角。

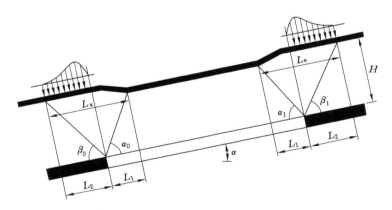

图 8-2 下部煤层开采后上部煤层变形特征

由图 8-2 可以看出:边界影响区范围 L 包括 L_1 上煤层下沉过渡影响范围和 L_2 支撑压力峰值影响范围。由矿山压力的知识可知:L_2 处于下部煤层采空后遗留煤柱的正上方,受下部煤柱影响,L_2 长度范围内属于应力集中区,应力较高;而 L_1 长度范围内,受下部采空区影响,上部煤层下沉移动,此范围内煤层水平、竖直移动较大,裂隙较多,围岩比较破碎,若在此范围内布置巷道,巷道很难进行支护。因此,在进行上行开采回采巷道合理位置选取时,需外错布置回采巷道避开下部煤层煤柱造成的应力集中影响范围,或者内错布置巷道避开下沉过渡造成的裂隙影响范围。

根据 4-1 煤层工作面与地质资料等,确定各参数取值: $H=22.2$ m, $\alpha=12°$, $\beta_0=59°$, $\alpha_0=60°$, $\beta_1=67°$, $\alpha_1=50°$。代入公式可得到下部 $L_x=26.1$ m,其中下沉过渡影响范围 L_1 为 12.8 m,应力集中影响范围 L_2 为 13.3 m。上部 $L_s=28$ m,其中下沉过渡影响范围 L_1 为 18.6 m,应力集中影响范围 L_2 为 9.4 m。

由以上计算理论分析可以得知:当 4-1 煤层采空后,3-2 煤层下部煤柱边缘外错 0～13.3 m 为应力集中区影响范围,内错 0～12.8 m 为下沉过渡区影响范围;3-2 煤层上部煤柱边缘外错 0～9.4 m 为应力集中区影响范围,内错 0～18.6 m 为下沉过渡区影响范围。在这些范围内应力较高或者围岩破坏情况较为严重,裂隙分布较多,因此考虑一定的安全系数,在 3-2 煤层下部需至少外错 15 m 或内错 13 m 布置回采巷道,在 3-2 煤层上部至少需外错 15 m 或内错 20 m 布置回采巷道。

8.2.3 4 煤组开采后煤柱上方 3-2 煤层应力分布特征

为了分析合理的下煤层巷道布置方式,采用 FLAC³ᴰ 数值模拟软件研究双马一矿下煤层回采动压影响下的煤柱上方应力分布情况,首先模拟依次开挖下部 4-1 煤层邻近的两个工作面,区段煤柱为 20 m,得到 4-1 煤层开采后煤柱上方 3-2 煤层竖直应力分布曲线,如图 8-3 所示。

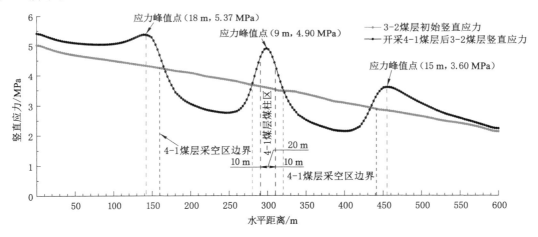

图 8-3 4-1 煤层留设煤柱后 3-2 煤层竖直应力的分布曲线

由图 4-13 可以看出:4-1 煤层开采后对顶板产生一定的卸压作用,但是在区段煤柱上方有应力集中现象,其中应力峰值点大致位于区段煤柱中部(距煤柱边界 9 m),应力峰值为 4.90 MPa,煤柱应力集中在 3-2 煤层,存在扩散区,其与煤柱边缘的水平距离约为 10 m。深部应力峰值距离 4-1 煤层采空区约 18 m,峰值大小为 5.37 MPa,浅部应力峰值距离 4-1 煤层采空区约 15 m,峰值为 3.6 MPa。由以上分析可知:当 4-1 煤层开采后,整个区段煤柱都处于应力集中范围,因而 3-2 煤层应采用内错布置方式,以远离岩层拉伸变形区域,运输顺槽和回风顺槽同时布置在下煤层采空区上,可以实现上煤层巷道处于低应力区,保证上煤层工作面顺槽的围岩能够保持完整。

为了研究 4-2 煤层、4-3 煤层开采后对 3-2 煤层巷道布置的影响,采用 FLAC³ᴰ 数值模拟软件研究在 4-1 煤层开采后,然后模拟依次开挖下部 4-2 煤层、4-3 煤层,得到 4-1 煤层、4-2 煤层开采后煤柱上方 3-2 煤层竖直应力分布如图 8-4 和图 8-5 所示。

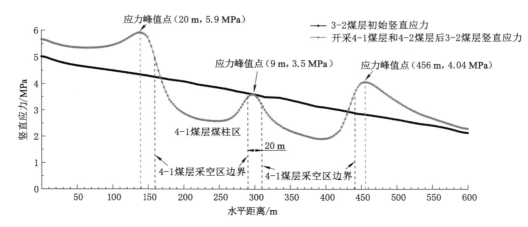

图 8-4　4-1 煤层、4-2 煤层开采后 3-2 煤层竖直应力的分布曲线

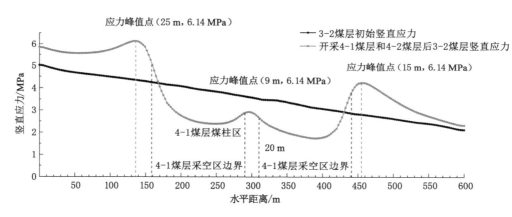

图 8-5　4-1 煤层、4-2 煤层、4-3 煤层开采后 3-2 煤层竖直应力的分布曲线

由图 8-4 和图 8-5 可看出:4-2 煤层、4-3 煤层开采后区段煤柱上方 3-2 煤层应力集中现象逐渐减弱,并小于 3-2 煤层初始竖直应力,因此整个区段煤柱上方都处于卸压范围,因而 3-2 煤层应采用外错布置方式比较合理,运输顺槽及回风顺槽同时布置在下煤层煤柱上,使得 3-2 煤层工作面长度增大,提高了煤炭回收率,同时可以保证上煤层工作面顺槽围岩能够保持完整。

8.2.4　上行开采 3-2 煤层工作面巷道布置方案

(1) 4-1 煤层开采后 3-2 煤层巷道布置

从 4-1 煤层开采后煤柱上方应力集中规律来看,当仅开采 4-1 煤层后,整个区段煤柱上方 3-2 煤层区域处于应力集中范围,如果把巷道布置在下煤层煤柱上方时,由于应力集中而导致巷道维护困难,因此 3-2 煤层应采用内错布置方式。下煤层回采动压影响下 3-2 煤层巷道布置采用内错式时,以巷道边界与煤柱边界的相对偏离位置进行巷道内错式布置数值模拟研究,分析上煤层回采巷道围岩应力状态及巷道变形情况,采用的 3 个方案如下:内错 5 m、10 m、15 m。上煤层回采巷道与下煤层煤柱间应力分布情况如图 8-6 至图 8-11 所示。

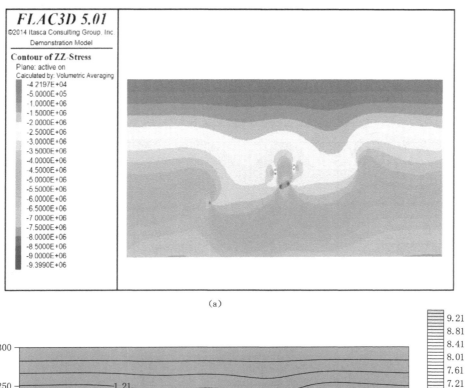

(a)

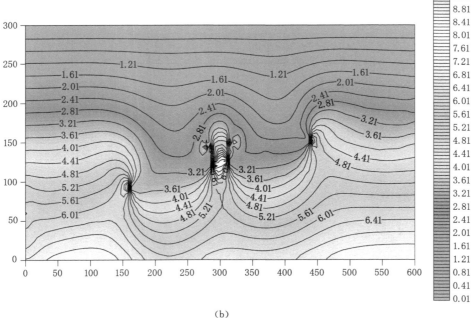

(b)

图 8-6　内错 5 m 竖直应力云图与竖直应力等值线云图(单位:Pa)

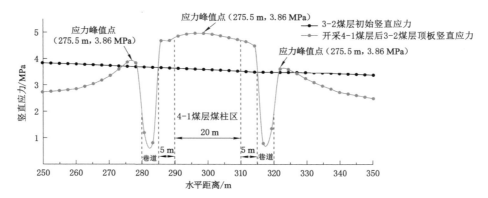

图 8-7　内错 5 m 时 3-2 煤层巷道顶板竖直应力分布图

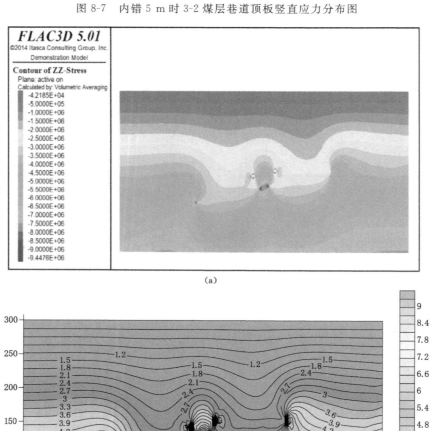

图 8-8　内错 10 m 时 3-2 煤层竖直应力云图与竖直应力等值线云图（单位：Pa）

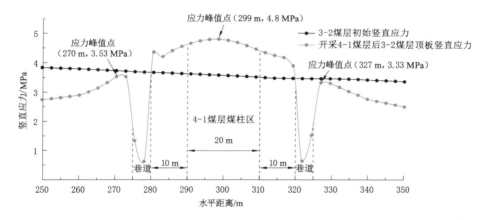

图 8-9　内错 10 m 时 3-2 煤层巷道顶板竖直应力分布图

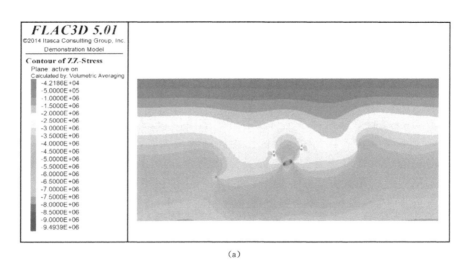

(a)

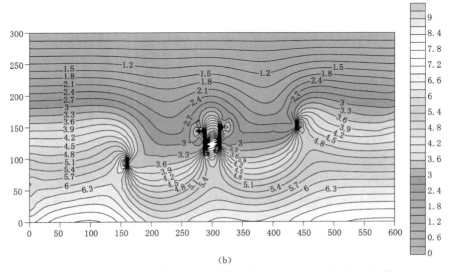

(b)

图 8-10　内错 15 m 时 3-2 煤层竖直应力云图与竖直应力等值线云图(单位:Pa)

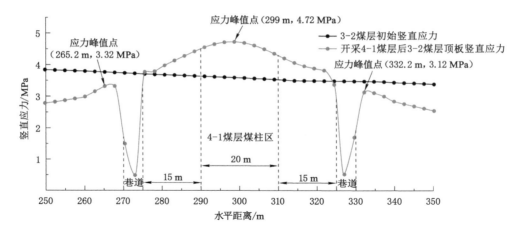

图 8-11　内错 15 m 时 3-2 煤层巷道顶板竖直应力分布图

由图 8-6 至图 8-11 可知：上煤层巷道与煤柱边界水平错距越大，巷道深部围岩处的应力越低；当 3-2 煤层巷道内错 5 m 时，巷道顶板巷道帮最大竖直应力为 4.67 MPa，集中系数约为 1.28，当 3-2 煤层巷道内错 10 m 时，巷道顶板巷道帮最大竖直应力为 4.36 MPa，集中系数约为 1.18，当 3-2 煤层巷道内错 15 m 时，巷道顶板巷道帮最大竖直应力为 3.76 MPa，集中系数约为 1.0，此时巷道避开了下沉过渡区影响范围，进入一个应力相对较低的下沉稳定影响区域。当下煤层巷道与煤柱边界内错距离继续增大时，周围应力环境已无太大变化。

综合覆岩裂隙带发育形态与围岩应力场分布规律，最终确定 3-2 煤层工作面运输巷道及回风巷道采用内错式布置方式，内错距离为 10 m，在该区域内岩层拉伸变形较小，处于下沉盆地的边缘近水平段，因此拉伸裂隙发育程度相对较低。同时该区域位于煤岩层断裂后形成的内应力场范围内，能有效避开内应力场峰值区域，有利于巷道的掘进和后期维护。3-2 煤层工作面运输巷道与轨道巷道布置剖面图如图 8-12 所示。

（2）4 煤组开采后 3-2 煤层巷道布置

当 4-1 煤层、4-2 煤层、4-3 煤层全部开采完成后，综合覆岩裂隙带发育形态与围岩应力场分布规律，在 4 煤组全部开采后区段煤柱上方 3-2 煤层应力集中现象逐渐减弱，并小于 3-2 煤层初始竖直应力，因此整个区段煤柱上方 3-2 煤层都处于卸压范围，该区域处于裂隙带范围以外，围岩受采动影响较小，完整性较好，且该区域处于岩层断裂后形成的外应力场范围内，基本接近原岩应力区，应力集中程度低，有利于后期维护，因而 3-2 煤层应采用外错布置方式比较合理，运输顺槽及回风顺槽同时布置在下煤层煤柱上方，使得 3-2 煤层工作面长度增大，减小了区段煤柱宽度，提高了煤炭回收率，可采用小煤柱方式开采，外错距离为 5～7 m，如图 8-13 所示。

在 4 煤组开采后，为了保证 3-2 煤层工作面长度和区段煤柱尺寸不变，也可以采用"内错+外错"的方式来进行巷道布置，既运输巷内错 10 m，使得巷道处于下沉盆地的边缘近水平段，回风巷道外错 10 m，使该区域处于裂隙带范围以外，应力状态基本接近原岩应力区，应力集中程度低，有利于后期维护，如图 8-14 所示。

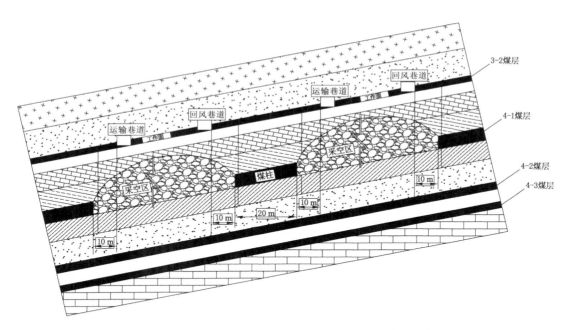

图 8-12　4-1 煤层开采后 3-2 煤层工作面巷道"内错"布置示意图

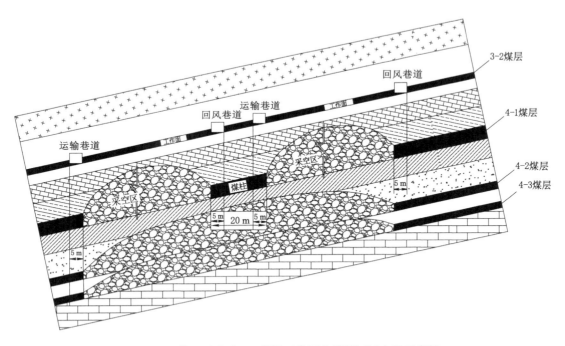

图 8-13　4 煤组开采后 3-2 煤层工作面巷道"外错"布置示意图

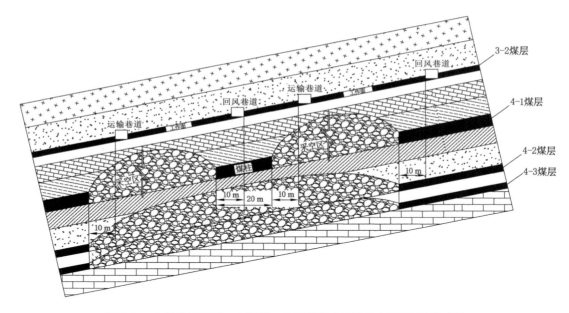

图 8-14　4 煤组开采后 3-2 煤层工作面巷道"外错＋内错"布置示意图

8.3　3-2 煤层采掘期间风险因素识别

由于下煤层采掘打破了岩层原有的应力稳定状态,会导致岩层产生较大的形变破坏,进而影响上行开采回采巷道的布置。根据前面章节内容的分析可知:双马一矿 3-2 煤层工作面处于下伏 4-1 煤层工作面采后的裂隙带发育范围内,虽然其裂隙分布区域属于一般开裂区,但是由于工作面两侧巷道距离煤岩层拉伸变形严重的区域较近,使得巷道在掘进施工以及围岩控制方面仍然存在较大的困难。若围岩控制方案设计不合理,可能会造成巷道在采掘期间变形量较大而失稳破坏,增加巷道后期的维护费用。同时,双马一矿近距离煤层群上行开采过程中,由于受到采动因素影响,3-2 煤层采空区会与 4 煤组采空区通过裂隙连通,漏风强度大,线路复杂,导致采空区遗煤及残留煤柱自燃危险性增加。一旦采空区发生自燃,产生的有毒有害气体将通过裂隙在上方工作面流动。因此,在 3-2 煤层工作面采掘期间风险因素如下:

(1)掘进过程中,顶板围岩破碎、离层严重,顶板压力大,巷道失稳变形严重,原定的支护体系达不到控制巷道变形的预期效果,巷道掘进难度增大,后期需要再次补强修巷。

(2)巷道采用锚网支护的实际效果较差。由于巷道处于裂隙发育区域范围内,锚杆施工过程中的打眼、安装工序较普通巷道困难,锚杆锚固力无法达到预期设计值。

(3)双马一矿主采煤层属于不黏煤,煤质具有低灰、低硫等特点,现开采煤层为容易自燃或自燃煤层,双马一矿近距离煤层群上行开采过程中,由于受采动因素影响,3-2 煤层工作面与下部 4-1 煤层采空区存在的裂隙容易在 3-2 煤层、4-1 煤层之间形成固定的漏风通道,漏风供氧可能会引起 4-1 煤层采空区的遗煤及残留煤柱自燃,从而使得采空区瓦斯、一氧化碳等有毒有害气体会顺着覆岩裂隙上涌,威胁 3-2 煤层工作面的安全开采。

8.4   采掘期间围岩控制

3-2 煤层工作面巷道掘进期间,针对可能出现的围岩完整性降低、裂隙发育等问题,设计了巷道不同区域的差异化支护方案:① 顶板完整条件下或顶板较破碎区域采用高预应力锚杆＋锚索网叠加联合支护;② 在局部顶板极破碎、围岩裂隙发育区域采用高预应力锚杆＋锚索网联合支护,同时辅以围岩注浆技术,以增强裂隙带内巷道支护的可靠性和稳定性。

3-2 煤层工作面开采期间,由于工作面顶板岩层裂缝发育,工作面顶板破碎,局部易出现漏顶、冒顶现象,增加了工作面顶板管理困难。工作面底板松软,加上防尘及设备冷却水对底板侵蚀,造成液压支架易下陷,拉移困难,拉移时需提架,液压支架拉移速度较慢,限制了工作面的快速推进。针对上述问题,工作面开采时主要采取了以下措施:

① 支架达到初撑力,使用好支架平衡千斤顶,将支架顶梁升平升实,有效控制顶板离层和冒落。

② 根据煤层厚度严格控制采高,减小顶板活动空间,减少对工作面直接顶的破坏。

③ 根据生产中煤层完整性相对较好,采用留 50～100 mm 顶煤作为顶板保护层,有效控制破碎顶板的冒落现象,提高了工作面管理效果。

④ 针对工作面易发生架前冒顶事故,对液压支架支护结构进行了改造,增加支架可伸缩前梁,以实现对顶板的及时支护。

⑤ 控制好工作面防尘及设备冷却水,提高防尘效果,减少工作面防尘水量,将设备冷却水用管路接出,有效减小防尘及设备冷却水对工作面底板的破坏,解决了支架下陷问题,提高了支架拉移速度,减少控顶时间和控顶距,提高了整体支护效果。

⑥ 针对工作面底板松软造成液压支架易下陷、拉移困难问题,液压支架增设提架千斤顶,减少了支架下陷现象,提高了支架拉移速度。

8.5   4 煤组采空区有害气体对 3-2 煤层开采的影响控制

3-2 煤层位于 4-1 煤层开采裂缝带内,容易在 3-2 煤层与 4-1 煤层采空区之间形成固定的漏风通道,漏风供氧可能会引起 4-1 煤层采空区遗煤、残留煤柱自燃,威胁 2 煤层工作面的安全开采。同时,4-1 煤层采空区顶部的高浓度瓦斯在风压分配不合理的情况下,易导致 4-1 煤层采空区瓦斯通过冒落裂缝涌入 3-2 煤层采掘空间引起瓦斯涌出异常。因此,上部工作面的瓦斯治理、自然发火等安全隐患较为突出。针对上述问题,工作面开采时主要采取了以下措施:

① 加强通风管理,保证各用风地点风量、风速满足要求,确保通风系统合理、稳定、可靠,通风设施齐全。

② 利用矿井监测监控系统加强对瓦斯、CO 等有害气体的监测,严格坚持矿井瓦斯巡回检查制度。

③ 加强 4-1 煤层采空区密闭的气体管理,定期取样分析密闭内的气体成分;在 3-2 煤层掘进巷道内自上而下向 4-1 煤层采空区打探孔,取样分析,摸清 4-1 煤层采空区瓦斯、CO 的分布规律,以便有针对性地采取防治措施。

④ 为了解漏风在 4-1 煤层采空区内的流动规律,应在 3-2 煤层巷道及 4-1 煤层采空区密闭做压能测试,并在压能较高的地点释放示踪气体,进一步确定漏风途径和漏风量,加强对 4-1 煤层采空区主要漏风通道处气体的分析管理,并对主要漏风通道采取注浆等堵漏预防措施及时封堵,以防止采空区遗煤自燃及有害气体涌入 3-2 煤层采掘空间。

⑤ 利用 4-1 煤层现有巷道采取调压措施,尽量减少向 3-2 煤层采空区漏风,防止了采空区遗煤自燃及抑制下部采空区瓦斯等有害气体向 3-2 煤层掘进巷道涌出。

总之,针对双马一矿上行开采的实际情况,采取"调压、堵漏"等针对性措施,消除了 3-2 煤层巷道掘进和回采期间的瓦斯、CO 涌出异常现象,确保 3-2 煤层工作面的安全生产。

8.6 本章小结

(1) 仅开采 4-1 煤层后,3-2 煤层工作面运输巷道及回风巷道应采用内错布置方式,内错距离为 10 m;当 4 煤层群全部开采完成后,3-2 煤层应采用外错布置方式比较合理,运输顺槽及回风顺槽同时布置在下煤层煤柱上方,使得 3-2 煤层工作面长度加大,减小了区段煤柱宽度,提高了煤炭回收率,可采用小煤柱方式开采,外错距离为 5～7 m。在 4 煤组开采后为了保证 3-2 煤层工作面长度和区段煤柱尺寸不变,也可以采用"内错＋外错"的方式布置巷道,运输巷道内错 10 m,回风巷道外错 10 m,使该区域处于裂隙带范围以外,应力状态基本接近原岩应力区,应力集中程度低,有利于后期维护。

(2) 对 3-2 煤层掘进过程中的风险因素进行了识别,并初步提出了控制措施。

9 结论及建议

9.1 结论

本书采用理论计算、相似模拟试验、数值模拟及现场实测的方法对 3-2 煤层上行开采可行性进行了论证,并对Ⅰ01 采区 4 煤组采后 3-2 煤层高效掘进、回采的安全技术及 3-2 煤层上行开采掘进支护和工作面设备配套设计进行了研究,最终形成双马一矿Ⅰ01 采区 4 煤组及以下煤层组采后上行开采 3-2 煤层设计方案,主要结论如下:

(1) 通过理论分析、相似模拟试验、数值模拟、现场实测的方法对Ⅰ01 采区 3-2 煤层上行开采可行性进行了分析,结果表明:3-2 煤层处于 4 煤组及以下煤组开采形成的裂隙带中,3-2 煤层及其顶底板有明显的弯曲下沉,但其连续性保持完好,没有出现台阶下沉。因此,可以预计 3-2 煤层进行上行开采是可行的。

(2) 通过采用工程类比、经验统计法,确定了 3-2 煤层中煤开采的合理滞后时间,即层间距较大时 3-2 煤层开采的滞后时间在 5 年以上,层间距中等时 3-2 煤层开采滞后时间在 10 年以上,较小层间距时 3-2 煤层开采滞后时间在 15 年以上。

(3) 确定 4-1 煤层开采后 3-2 煤层适合采用内错布置方式,内错距离为 10 m。4-2 煤层、4-3 煤层顺序开采后 3-2 煤层应采用外错布置方式较合理,外错距离为 5~7 m。也可以采用"内错+外错"的方式布置巷道,即运输巷道内错 10 m,回风巷道外错 10 m。

(4) 针对近距离上行开采工作面破碎围岩特点,采取了高预应力锚杆(索)联合支护与顶板注浆相结合的巷道围岩控制方法,基于地质力学评估、理论分析、数值模拟以及工程类比等手段对 3-2 煤层工作面回采巷道进行了支护优化设计,确定了锚杆索支护参数、材质、支护工艺及破碎围岩加固方案。

(5) 对上行开采破碎围岩条件下 3-2 煤层综采工作面智能化成套综采装备进行了选型设计。

9.2 建议

(1) 3-2 煤层开采前,建议采用巷探、钻探、物探等方法对该煤层的完整性进一步评估,并修正该煤层地质及水文地质资料,做好 3-2 煤层的防治水措施。

(2) 回采巷道锚杆支护过程中可能存在脱锚或锚杆无法施加预紧力的问题,建议在锚杆钻机施钻过程中实时观测钻孔形态,钻孔破碎时应及时注浆。

(3) 3-2 煤层工作面回采时,为了防止采空区遗煤自燃,建议采用加大配风和均压防灭火等措施。

（4）对于局部不可上行开采区域,3-2 煤层可采用地下气化开采方式和煤炭原位流态化开采技术,进行煤层地下气化开采。

参 考 文 献

[1] MING-GAO C E. A study of thebehaviour of overlying strata in longwall mining and its application to strata control[M]//Developments in Geotechnical Engineering. Amsterdam:Elsevier,1981:13-17.

[2] YE Q,WANG W J,WANGG,et al. Numerical simulation on tendency mining fracture evolution characteristics of overlying strata and coal seams above working face with large inclination angle and mining depth[J]. Arabian journal of geosciences,2017, 10(4):82.

[3] LAI X P,LIU B W,SHAN P F,et al. Study on the prediction of the height of two zones in the overlying strata under a strong shock[J]. Geofluids,2021,2021:4237061.

[4] ZOU DX. Mechanical underground excavation in rock[M]// Theory and Technology of Rock Excavation for Civil Engineering. Singapore:Springer,2017:435-472.

[5] NING J G,WANG J,TAN YL,et al. Mechanical mechanism of overlying strata breaking and development of fractured zone during close-distance coal seam group mining [J]. International journal of mining science and technology,2020,30(2):207-215.

[6] YUAN H P,LI Y. Downdrag force analysis for seismic soil - pile - structure interaction[J]. Geotechnical and geological engineering,2017,35(1):493-501.

[7] WANG C L,ZHANG C S,ZHAO XD,et al. Dynamic structural evolution of overlying strata during shallow coal seam longwall mining[J]. International journal of rock mechanics and mining sciences,2018,103:20-32.

[8] ZOU DX. Mechanical underground excavation in rock[M]// Theory and Technology of Rock Excavation for Civil Engineering. Singapore:Springer,2017:435-472.

[9] BAI J W,FENG G R,WANG SY,et al. Vertical stress and stability of interburden over an abandoned pillar working before upward mining:a case study[J]. Royal society open science,2018,5(8):180346.

[10] 钱鸣高,缪协兴.采场上覆岩层结构的形态与受力分析[J].岩石力学与工程学报, 1995,14(2):97-106.

[11] 宋振骐,蒋宇静,刘建康."实用矿山压力控制"的理论和模型[J].煤炭科技,2017(2): 1-10.

[12] 贾喜荣,翟英达,杨双锁.放顶煤工作面顶板岩层结构及顶板来压计算[J].煤炭学报, 1998,23(4):32-36.

[13] 贾喜荣,翟英达.采场薄板矿压理论与实践综述[J].矿山压力与顶板管理,1999, 16(增1):22-25.

[14] OGGERI C,FENOGLIO T M,GODIO A,et al. Overburden management in open pits:options and limits in large limestone Quarries[J]. International journal of mining science and technology,2019,29(2):217-228.

[15] ZHAO X D,JIANG J,LAN BC. An integrated method to calculate the spatial distribution of overburden strata failure in longwall mines by coupling GIS and FLAC3D [J]. International journal of mining science and technology,2015,25(3):369-373.

[16] ZHENG C S,JIANG B Y,YUAN L,et al. Effects of heterogenous interburden Young's modulus on permeability characteristics of underlying relieved coal seam: implementation of damage-based permeability model[J]. Journal of natural gas science and engineering,2021,96:104317.

[17] ZHAO X D,JIANG J,LAN BC. An integrated method to calculate the spatial distribution of overburden strata failure in longwall mines by coupling GIS and FLAC3D [J]. International journal of mining science and technology,2015,25(3):369-373.

[18] MING-GAO C E. A study of thebehaviour of overlying strata in longwall mining and its application to strata control[M]//Developments in Geotechnical Engineering. Amsterdam:Elsevier,1981:13-17.

[19] 钱鸣高,缪协兴,许家林. 岩层控制中的关键层理论研究[J]. 煤炭学报,1996,21(3): 2-7.

[20] 姜福兴. 薄板力学解在坚硬顶板采场的适用范围[J]. 西安矿业学院学报,1991,11(2): 12-19.

[21] 王寅,付兴玉,孔令海,等. 近距离煤层群上行式开采悬空结构稳定性研究[J]. 煤炭科学技术,2020,48(12):95-100.

[22] 姜耀东,杨英明,马振乾,等. 大面积巷式采空区覆岩破坏机理及上行开采可行性分析 [J]. 煤炭学报,2016,41(4):801-807.

[23] KONG D Z,PU S J,ZHENG SS,et al. Roof broken characteristics and overburden migration law of upper seam in upward mining of close seam group[J]. Geotechnical and geological engineering,2019,37(4):3193-3203.

[24] LIU S L,LI W P,WANG QQ. Height of the water-flowing fractured zone of the Jurassic coal seam in northwestern China[J]. Mine Water and the environment,2018, 37(2):312-321.

[25] WEN J H,CHENG W M,CHEN LJ,et al. A study of the dynamic movement rule of overlying strata combinations using a short-wall continuous mining and full-caving method[J]. Energy science & engineering,2019,7(6):2984-3004.

[26] 弓培林,靳钟铭. 大采高采场覆岩结构特征及运动规律研究[J]. 煤炭学报,2004, 29(1):7-11.

[27] 于斌,朱卫兵,高瑞,等. 特厚煤层综放开采大空间采场覆岩结构及作用机制[J]. 煤炭学报,2016,41(3):571-580.

[28] JI S T, HE H, KARLOVŠEKJ. Application of superposition method to study the mechanical behaviour of overlying strata in longwall mining[J]. International journal

of rock mechanics and mining sciences,2021,146:104874.

[29] 姜福兴,刘懿,张益超,等.采场覆岩的"载荷三带"结构模型及其在防冲领域的应用[J].岩石力学与工程学报,2016,35(12):2398-2408.

[30] 刘天泉.用垮落法上行开采的可能性[J].煤炭学报,1981,6(1):18-29.

[31] 李鸿昌,钱鸣高.孔庄矿上行开采的研究[J].中国矿业学院学报,1982,11(2):17-29.

[32] 汪理全.采场上覆岩层裂隙的变化规律[J].中国矿业学院学报,1983,12(3):18-31.

[33] 汪理全,蔡鸿坡.城子河煤矿上行开采的研究[J].中国矿业学院学报,1988,17(4):55-62.

[34] 韩万林,汪理全,周劲锋.平顶山四矿上行开采的观测与研究[J].煤炭学报,1998,23(3):45-48.

[35] 马立强,汪理全,张东升,等.近距离煤层群上行开采可行性研究与工程应用[J].湖南科技大学学报(自然科学版),2007,22(4):1-5.

[36] 雷明辉,宋振骐.缓倾斜煤层群上行开采的研究[J].山东矿业学院学报,1992,11(3):213-219.

[37] 黄庆享.近距煤层上行开采底板稳定性分析[J].西安矿业学院学报,1996,16(4):3-6.

[38] 曲华,张殿振.深井难采煤层上行开采的数值模拟[J].矿山压力与顶板管理,2003,20(4):56-58.

[39] 石永奎,莫技.深井近距离煤层上行开采巷道应力数值分析[J].采矿与安全工程学报,2007,24(4):473-476.

[40] 尹增德,蒋金泉,张殿振,等.深井倾斜煤层覆岩破坏分带探测研究[J].矿山压力与顶板管理,2001,18(4):70-72.

[41] 冯国瑞,闫旭,王鲜霞,等.上行开采层间岩层控制的关键位置判定[J].岩石力学与工程学报,2009,28(增2):3721-3726.

[42] 冯国瑞,郑婧,任亚峰,等.垮落法残采区上行综采技术条件判定理论及方法[J].煤炭学报,2010,35(11):1863-1867.